Serdar Baran

İlköğretim Öğrencilerinin Kavram Yanılgıları

Serdar Baran

İlköğretim Öğrencilerinin Kavram Yanılgıları

Türkiye Alim Kitapları

Impressum / Künye
Bibliografische Information der Deutschen Nationalbibliothek: Die Deutsche Nationalbibliothek verzeichnet diese Publikation in der Deutschen Nationalbibliografie; detaillierte bibliografische Daten sind im Internet über http://dnb.d-nb.de abrufbar.

Deutsche Nationalbibliothek tarafından yayınlanan bibliyografik bilgiler: Deutsche Nationalbibliothek, bu yayını Deutsche Nationalbibliografie'de listeler; detaylı bibliyografik bilgi İnternet'te http://dnb.d-nb.de sitesinde mevcuttur.

Coverbild / Kitap kapağı resmi: www.ingimage.com

Verlag / Yayıncı:
Türkiye Alim Kitapları
ist ein Imprint der / yayınevinin bir ticari markasıdır
OmniScriptum GmbH & Co. KG
Bahnhofstraße 28, 66111 Saarbrücken, Deutschland / Almanya
Email / E-posta: info@turkiye-alim-kitaplary.com

Herstellung: siehe letzte Seite /
Basım yeri: son sayfaya bakın
ISBN: 978-3-639-67244-2

ÖZET

İLKÖĞRETİM II. KADEME ÖĞRENCİLERİNİN ÜÇGENLER VE GEOMETRİK CİSİMLER KONUSUNDAKİ KAVRAM YANILGILARI

BARAN Serdar

Matematik

Bu çalışmada ilköğretim II. kademe öğrencilerinde üçgenler ve geometrik cisimler konusundaki kavram yanılgıları üzerinde durulmuştur.

Araştırma, 2010–2011 eğitim – öğretim yılında Van merkezdeki özel bir okulda ve Van'ın Özalp ilçesindeki ilköğretim okullarında okuyan toplam 225 öğrenciye sınıf ortamında 20 soru içeren test uygulaması ile gerçekleştirilmiştir. İlköğretim 2. kademe öğrencilerinin üçgenler ve geometrik cisimler konuları hakkındaki eksik ve yanlış öğrenmeleri ile kavram yanılgılarını tespit etmek amacıyla hazırlanan test, Özel Çınar ilköğretim okulu, Sağmalı ilköğretim okulu ve Karasu ilköğretim okulu öğrencilerine uygulanmıştır.

Sorular alt problemlere göre ele alınmış, SPSS (Statistical Package For the Social Science) ve Excel programları kullanılarak yüzde ve frekanslarına bakılmıştır. Ayrıca öğrenciler üst, orta ve alt grup olmak üzere üç farklı gruba ayrılarak, grupların hata ve kavram yanılgıları tespit edilmiştir. Araştırmadan elde edilen bulgulara göre öğrencilerin üçgenler ve geometrik cisimler ile ilgili birçok hata ve kavram yanılgılarına sahip oldukları görülmüştür. Tespit edilen bu hata ve kavram yanılgıları ile ilgili bazı önerilerde bulunulmuştur.

Anahtar Kelimeler: Geometrik Cisimler, Üçgenler, Kavram Yanılgıları.

ABSTRACT

THE MISCONCEPTIONS OF THE SECOND GRADE STUDENTS ABOUT THE TRIANGLES AND GEOMETRIC OBJECTS

BARAN Serdar
Msc, Mathematics Department

In this research it was focused on the misconceptions of the second grade students about the triangles and geometrical objects.

The research at the 2010-2011 academic year, was performed to 225 students from a private school in Van and two public schools in Özalp, a town of Van, as a test including 20 questions. The test, prepared to determine the incomplete and incorrect learning of the secondary grade students was applied to the students from private Çınar primary school, Karasu primary school and Sağmalı primary school.

The questions were discussed by sub-problems. Percentage and frequencies were measured by using Excel programmes and SPSS (Statistical Package For the Social Science). The misconceptions and errors of the groups were detected by dividing the students into upper, middle and lower groups. According to the results of study it was determined that the students had lots of misconceptions and mistakes about the triangles and geometrical objects. It was made proposal about those misconceptions and mistakes.

Key Words: Geometrical Objects, Triangles, Misconceptions.

ÖN SÖZ

Matematiğin ne olduğu ve nasıl öğretilmesi gerektiği konularında son yıllarda önemli düşünce değişiklikleri olmuştur. Geleneksel matematik eğitim anlayışında matematiksel bilgiler küçük beceri parçacıklarına ayrılmış halde öğretmen tarafından öğrencilere sunulur. Öğrencilerin de bu bilgileri verilen alıştırmalarla tekrar etmeleri beklenir. Bir nedene dayandırılmayan bir sürü bağıntı, kural ve simgeler öğrencilere verilir. Öğrenciler ezbere dayalı öğrenmeye sevk edilir. Sonuç olarak öğrenciler gösterilmeyen problemi çözemez hale gelirler.

Matematik eğitimindeki yeni anlayış ise matematiğin tanımına da uygun olarak sadece matematik öğrenme yerine matematik yaparak matematiği öğrenmeyi ön plana çıkarmaktadır. Bu durum da öğrencilerin matematiği ezberleme yerine daha iyi kavramalarına ve daha önce görmedikleri problemleri de çözebilmelerine olanak sağlar.

Bu çalışma bize; öğrencilerin üçgenler ve geometrik cisimler konusundaki kavram yanılgılarının geleneksel matematik eğitiminden kaynaklandığını göstermektedir.

Çalışmalarım sırasında yardımlarını esirgemeyen değerli hocam Doç.Dr. Hakkı DURU' ya, araştırmalarımın yürütülmesi ve değerlendirilmesinde emeği geçen Prof. Dr. Tünay BİLGİN 'e ve son olarak da tüm çalışmalarım sırasında bana büyük sabır gösteren ailem ile sevgisini hiç esirgemeyen nişanlım Zehra ÖZTÜRK'e teşekkürlerimi sunmayı bir borç bilirim.

Serdar BARAN

İÇİNDEKİLER

ŞEKİLLER DİZİNİ

ÇİZELGELER DİZİNİ

EKLER DİZİNİ

SİMGELER VE KISALTMALAR DİZİNİ

Vb	Ve benzeri

1. GİRİŞ

1.1. Eğitim

Eğitim çok farklı biçimlerde anlaşılmakta ve çok farklı biçimlerde tanımlanmaktadır. Farklı eğitim kitaplarında farklı eğitim tanımlarına rastlamak mümkündür. Eğitim kavramı üzerinde bir anlam birliği sağlanamamıştır. Sönmez (1994) bunun nedenini, eğitimin dayandığı felsefi sistemlerin ve psikolojik yaklaşımların farklı olmasında görür.

Eğitimin farklı biçimlerde tanımlanmasının nedenlerini birkaç maddede toplamak mümkündür (Kızıloluk, 2002).

1. Eğitim soyut bir kavramdır. O nedenle eğitim etkinliklerini doğrudan gözlemlemek ve özgün niteliklerini doğrudan belirlemek mümkün değildir.
2. Eğitim, kapsamı geniş olan bir kavramdır. Uygulamada çok değişik türlerde karşımıza çıkmaktadır. Beden eğitimi, çocuk eğitimi, tuvalet eğitimi, çıraklık eğitimi vb.
3. Eğitimin statik değil dinamik bir yapısı vardır. Amacı, içeriği, öğretim yöntem ve teknikleri hem toplumdan topluma hem de aynı toplumda zamanla değişmektedir
4. Eğitimin dayandığı teorik temellerin farklı olması da farklı eğitim tanımlarına neden olmaktadır.
5. Eğitimin farklı tanımlanmasının bir diğer nedeni de tanım yaparken amaçlardan hareket edilmesidir. Eğitimin amaçları toplumdan topluma değişebilir. Bazı toplumlarda eğitim bireye öncelik vermiş olup toplumu geri plana itmiş ve bireyi bedensel, zihinsel ve duygusal yönden geliştirmeyi amaç edinmiş olabilir. Ya da bunun tam tersi olabilir.

Eğitim, en geniş anlamıyla bireyde kendi yaşantıları yoluyla davranış değişikliği meydana getirme sürecidir (Erdem, 1998).

Eğitim önceden belirlenmiş amaçlara göre insanların davranışlarında belli gelişmeler sağlamaya yarayan planlı etkiler sistemidir (Çelikkaya, 1999).

Eğitim, bireyin davranışında, kendi yaşantısı yoluyla ve kasıtlı olarak istendik değişme meydana getirme sürecidir (Ertürk, 1982). Buradaki tanımda geçen "kendi yaşantısı yoluyla" ifadesiyle kastedilen, yaparak yaşayarak öğrenmedir. Yani öğrenci merkezli eğitim anlayışını yansıtır. Kasıtlı ifadesi ise istenen davranışı ortaya çıkartmak, istenmeyen davranışı ortadan kaldırmak ve planlı programlı eğitimi kastetmektedir. İstendik davranıştan kasıt ise hedeflerdir.

Eğitim bir davranış değiştirme sürecidir. Süreç bir amaca yönelmiş olan sürekli değişmelerin tümüdür (Büyükkaragöz ve Çivi, 1997). Eğitim ile bireyler, belli amaçlar doğrultusunda sürekli olarak değiştirilir. Belirlenen amaçlara değişik aşamalardan geçerek ulaşılır. Süreç kavramı, eğitimin süresiz olduğunu, doğumla başladığını ve insan yaşadığı müddetçe sürüp gittiğini ifade eder.

Yukarıdaki tanımlarda da görüldüğü gibi eğitim kavramı çok farklı biçimlerde tanımlanmıştır. Bu tanımları daha da çoğaltmak mümkündür. Bununla birlikte eğitimle ilgili kitaplarda genellikle kabul gören tanım Ertürk'ün (1982) yaptığı tanımdır.

1.2. Öğretim ve Öğretme

Öğretim, eğitimin okulda planlı, programlı olarak yürütülen kısmına denir (Varış, 1985).Eğitimin amaçları öğretim aracılığıyla gerçekleşir. Eğitimin amaçlarına uygun olarak belirlenmiş olan içerik öğretim aracılığıyla gerçekleşir.

Günlük hayatta televizyon, çocuğun ailesi, arkadaşları, günlük olaylar, kitaplar ve filmler gibi pek çok kişi, araç ve durum öğretme etkinliğinde bulunur. Bu kaynaklarla öğrenmeler sonunda elde edilen davranışların bazıları istendik bazıları da istendik değildir. İşte okulda öğrenciye istendik davranışlar kazandırılmak istenmektedir. Okullarda yapılan planlı, kontrollü ve belli amaçlara yönelik olan öğretme faaliyetlerine öğretim denir (Fidan, 1991).

Etkili bir öğretim, öğrenme olayının doğasını ve değişik gelişim aşamasındaki öğrencilerin nasıl öğrendiklerini anlamayı gerektirir. Öğretim veya öğretme öğrenciye bilgi aktarma değildir. Öğrencinin öğrenmesine rehberlik etme faaliyetidir. Böyle bir öğrenme de ancak öğrencinin katılımıyla mümkündür. Derse katılımı sağlama, öğretimi verimli kılmakla kalmaz, boş kalmaktan kaynaklanan çeşitli yönetim problemlerini de engeller. Ancak, sınıfın sevk ve idaresinde yeni becerileri de gerekli kılar.

Düz anlatım, halen, en çok kullanılan öğretim metotları arasındadır. Bilgileri etkili şekilde iletmesi, kalabalık sınıflarda iletişim kurmak için en iyi yol olması;

istek, bağlılık ve heyecan gibi güçlü duygular uyandırabilmesi bu metodun faydaları arasında sayılabilir. Ancak, düz anlatım metodunun bazı önemli olumsuzlukları da vardır. Çünkü, birçok insan, düz anlatım ne kadar dinamik ve eğlendirici olursa olsun pasif şekilde dinlediği için öğrenememektedir. Öğretim ortamında öğrencilerin ilgisini çekmenin ve bunu sürdürmenin sırrı öğrenci katılımını sağlamaktır. Derslerde öğrenci katılımını artırdığınız zaman, aynı zamanda öğrencilerin dikkatlerini çekmiş, içeriği açıklığa kavuşturmuş, fikirleri bireysel durumlara uygun hale getirmiş, kavramaya yardımcı olmuş olursunuz. Netice olarak, öğrenciler daha fazla öğrenir.

Öğretim sürecinin temelinde öğretme bulunur. Öğretme, bilgi, beceri kazandırma, başka bir deyişle, öğrenmeyi sağlama etkinliğidir (Erdem, 1998). Öğretme, bireyin davranışında değişiklik meydana getirmek için yani öğrenmeyi gerçekleştirmek için yapılan etkinliklerin tümüdür (Büyükkaragöz ve Çivi, 1997).

Yukarıdaki tanımlarda da görüldüğü gibi öğretme etkinliği öğrenme etkinliğini gerekmektedir. Bu durumu şöyle özetleyebiliriz öğrenmenin olmadığı yerde öğretme de olmaz. Öğretme ve öğrenme kavramları arasındaki bu ilişkiye dayanarak, bu iki kavramın birbirlerinin önkoşulu olduğu sonucuna varmak doğru değildir. Bu ilişkide karşılıklı değil tek taraflı bir ilişki vardır. Öğrenme, öğretmenin önkoşuludur ama öğretme öğrenmenin önkoşulu değildir. Yani öğretme olmadan da öğrenme olabilir. Ayrıca şunu da belirtmek gerekir ki; öğretme etkinliğinde iki taraf vardır. Bir yanda, öğreten taraf; bir yanda da öğrenen konumunda olan taraf vardır. Örgün eğitim kurumunda öğretmen, ailede anne baba, işyerinde usta öğreten durumundadır. Buna karşılık, okulda öğrenci, ailede çocuk, işyerinde ise çırak öğrenen konumundadır.

1.3. Öğrenme ve Öğrenim

Öğrenmenin tüm psikologlarca kabul edilmiş ortak bir tanımı yoktur. Çeşitli filozof ve eğitim psikologlarının yaptığı öğrenme tanımları şunlardır.

Ertürk (1982) öğrenmeyi, davranış değişikliğinin belli bir türü olarak kabul etmekte, "Yaşantı ürünü ve nispeten kalıcı izli davranış değişmesi" olarak tanımlamaktadır. Bu tanıma göre, bir davranışın öğrenme ürünü olması için, bireyin çevresiyle etkileşimi sonucu meydana gelmesi ve bir dereceye kadar kalıcı olması gerekmektedir.

İnsanın gözlenebilen ve ölçülebilen bilinçli etkinliklerine davranış denir. Birey önceden yapamadığı bir davranışı yapabiliyorsa, öğrenmeden söz edilebilir. Birey öğrenme sonucunda ya o güne kadar hiç yapmadığı bir davranışı yapabilir, ya önceden edindiği bir davranışı daha da geliştirebilir ya da önceden edindiği fakat yanlış olan davranışlarını değiştirebilir (Erdem, 1998).

En basit anlamda öğrenme, bilgi, beceri kazanma etkinliği olarak tanımlanabilir. Bunun yanında öğrenmeyi, yaşantılar sonucu davranışlarda meydana gelen oldukça uzun süreli değişmeler biçiminde de tanımlamak mümkündür (Kızıloluk, 2002).

Bu tanımlardan hareketle öğrenmeden söz edebilmek için şu üç şartın sağlanması gerekir.

1. Bireyin davranışında bir değişikliğin olması gerekir.
2. Bu değişikliğin yaşantılar sonucu meydana gelmesi gerekir.
3. Bu değişikliğin geçici değil belli bir süre kalıcı olması gerekir.

Yukarıda belirtilen davranışın yaşantı sonucu oluşması kapsamında; uyku, büyüme ve olgunlaşma, ilaç etkisi, yorgunluk vb. durumlar yer almaz. Bunları öğrenme olarak değerlendiremeyiz. Ayrıca refleksif hareketlerimiz sonucu gösterdiğimiz davranışlar doğuştan var olduğu için öğrenme ürünü değildir; fakat iki basamaklı bir sayıyı toplama, öğrenme ürünü bir davranıştır. Şunu da belirtelim ki; iki basamaklı bir doğal sayıyı toplama davranışını kazandıktan sonra belli bir süre ve belli bir sıklıkla bu davranışı tekrarlayamıyorsak bu davranış öğrenilmiş sayılmaz.

Büyükkaragöz ve Çivi (1997)'ye göre öğrenmenin oluşumu aşağıda verilen şekildeki gibidir.

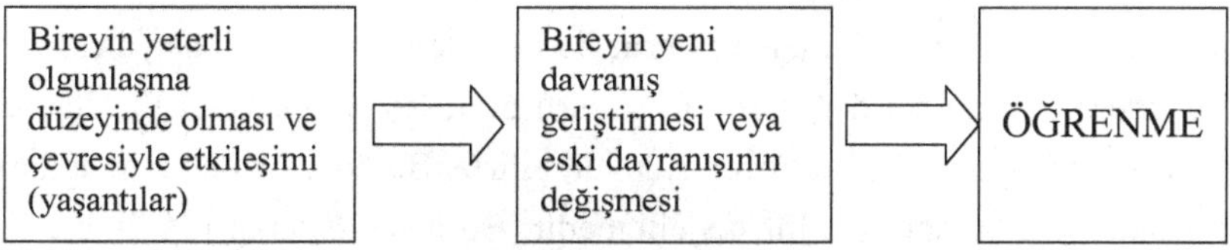

Şekil 1.1. Öğrenmenin oluşumu (Büyükkaragöz ve Çivi, 1997).

Öğrenci, sınıfta edindiği bir bilgiyi koridora çıktığı zaman unutuyorsa, öğrenmeden söz edilemez. Unutma doğal bir olaydır. Bireyin, öğrendiklerinin tamamını zihninde tutması mümkün değildir. Buna rağmen, öğrenmeden söz edilebilmesi için, edindiklerinin bir kısmını belli bir süre zihninde muhafaza etmesi gerekir (Kızıloluk, 2002).

Öğrenimin temelinde öğrenme etkinliği bulunur. Buradan hareket edilirse öğrenim, belli bir konuda, birbirini izleyen öğrenme etkinliklerinin oluşturduğu süreç olarak tanımlanabilir. Sınıftaki eğitim öğretmen açısından öğretim, öğrenci açısından öğrenimdir (Kızıloluk, 2002).

1.4. Matematik Nedir?

Hızla gelişen ve değişen dünyamızda, genellikle öğrenciler tarafından sevilmeyen, sıkıcı ve soyut bir disiplin olarak görülen matematiğin yeri ve önemi gittikçe artmaktadır. Matematiğin tanımı konusunda günümüzde tam bir fikir birliğine varılamamıştır.

Günümüzde matematik, ardışık soyutlama ve genellemeler süreci olarak değiştirilen fikirler ve bağıntılardan oluşan bir sistem olarak görülmektedir. Bu tanımda üç husus dikkati çekmektedir. Bunlardan biri matematiğin bir sistem olduğu, diğeri yapılardan ve bağıntılardan (ilişkilerden) oluştuğu, üçüncüsü de bu yapıların ardışık soyutlamalar ve genellemeler süreci ile oluşturulduğudur. O halde matematik insan tarafından zihinsel olarak yaratılan bir sistemdir. Bu durum matematiği soyut hale getirir.

Türk ansiklopedisinde matematik, "düşüncenin tümdengelimli bir işletim yolu ile sayılar, geometrik şekiller, fonksiyonlar, uzaylar v.b. gibi soyut varlıkların özelliklerini ve bunların arasında kurulan ilişkileri inceleyen bilimler grubuna verilen genel ad" olarak tanımlanmıştır (MEB, 1976) .

Matematiğin konusu, sayı, nokta, küme gibi soyut nesneler ve bu tür nesneler arasındaki ilişkilerdir. Matematikçi bu soyut nesnelerin özelliklerini, bunların arasındaki ilişkileri inceler, genellemeler çıkarır, bu genellemeleri ispatlamaya çalışır. İspatlanan bir önerme tüm özel değerler için geçerli olur. Bir örnek verecek olursak "bir üçgende iç açılar toplamı 180 derecedir."i verebiliriz. Bu önerme üçgenin açıları arasında bir ilişkidir ve bu şekliyle bir genellemedir. Bu genellemenin üretilmesi ve doğruluğunun ispatlanması matematiğin konusudur. Önerme ispatlandıktan sonra her türden üçgen için geçerli olur. Matematik bilgi, deneye dayanmayan ama deneyle doğrulanabilen bir bilgidir. Deneye dayanacak olsaydı denenen örneklerin hepsi için doğru olsa bile denenemeyen örnekler için doğru olup olmayacağı tartışma götürürdü. Matematik bilginin gücü ve doğruluğu bu üretim tarzına bağlıdır (Altun, 1998).

Matematiğin amacı; insanların doğuştan getirdiği düşünme kabiliyetini geliştirmektir. Bu gelişmeyi sağlamak için, bizlere bir kısım bilgiler kazandırarak karşılaşacağımız olay ve problemlerde inceleme, araştırma ve karşılaştırmalar yaptırarak, düzenli ve dikkatli olmamızı, mantıklı düşünmemizi ve her konuda doğruyu bulmamızı sağlar. Problemleri çözerken değişik bağlantıları bulmak insana heyecan verir. Böylece insanda yeni şeyler bulma arzusu doğar. Bütün bilimlerin doğması ve gelişmesi insandaki bu arzudan doğmuş bu da matematik yardımıyla olmuştur. Bu sebeple bütün bilim dallarında matematikten yararlanılır. Matematik nitelikleri değil nicelikleri konu edinir, fakat niteliği bulunan her şeyin sayılabilir ve ölçülebilir olması, matematiğin fen bilimleri ve teknolojinin yanında değil sosyal bilimlerde de vazgeçilmez olmasını sağlamıştır. Bu yüzden matematik her öğrencinin öğrenmesi gereken bir bilimdir.

Matematik bilginin türeyişinde, dil ve mantık dışında, hiçbir bilim dalının katkısı yoktur. Her türden ispat, sonuç, ya da genelleme daha önce üretilmiş matematik bilgiye dayanır. Bunun tersi doğru değildir. Yani diğer bilimlerin geliştirilmesinde matematikten büyük ölçüde yararlanılır. Belki de matematiğin bilimlerin anası oluşu onun bu toleransından ileri gelmektedir (Altun, 1998).

1.4.1. Matematik öğretimi

Bir düşünce biçimi ve evrensel bir dil olan matematik günümüzün gelişen dünyasında birey, toplum, bilim ve teknoloji için vazgeçilmez bir alandır. Günlük yaşamda, iş ve meslekte gerekli olan çözümleyebilme, usavurabilme, iletişim kurabilme, genelleştirme yapabilme, yaratıcı ve bağımsız düşünebilme gibi üst düzey davranışları geliştiren bir alan olarak matematiğin öğrenilmesi kaçınılmazdır. Günümüz toplumunun, sorunların üstesinden gelebilecek, problem çözebilecek bireylere gereksinmesi vardır. Matematik öğretiminin her aşamasında matematik öğretiminin amaçları ve öğretimde kullanılacak genel ilkeler göz önünde bulundurulmalıdır. Matematik her biri üzerine kurularak gelişen bir alan olduğundan, ön öğrenmelerin önemi büyüktür. Bu durum her zaman hatırlanmalı ve her aşamada ölçme ve değerlendirme yapılmalıdır. Ayrıca, matematik öğretiminde duyuşsal özellikler dikkate alınmalı ve öğrencilerin matematiğe ve matematik dersine karşı olumlu tutumlar geliştirmelerine yardımcı olunmalıdır. Planlı öğretimin tüm ilkelerine matematik öğretiminde de uyulmalıdır.

Matematiğin yapısına uygun bir öğretim şu üç amaca yönelik olmalıdır (Baykul, 2002).

1. Öğrencilerin matematikle ilgili kavramları anlamalarına,

2. Matematikle ilgili işlemleri anlamalarına,

3. Kavramların ve işlemlerin arasındaki bağları kurmalarına yardımcı olmak.

Bu üç amaç ilişkisel anlama olarak adlandırılmaktadır. İlişkisel anlama, matematikteki yapıları anlama, sembollerle ifade etme ve bunun kolaylıklarından yararlanma; matematikteki işlemlerin tekniklerini anlama ve bunları sembollerle ifade etme; metotlar, semboller ve kavramlar arasındaki bağıntılar veya ilişkileri kurma olarak açıklanabilir.

Öğrenme ve öğretme modellerinin hemen hepsinde öğretim hedeflerinin saptanması ve bu hedeflerin davranışlar cinsinden ifade edilmesine yer verilmektedir. O halde ilkokulda matematik derslerinde yapılacak öğretimin hedefleri ve bunların davranışları belirlenmelidir. Bu çalışma Milli Eğitim Bakanlığı tarafından yapılmıştır ve kitap halinde yayımlanmıştır. Sekiz yıllık ilköğretimi kapsayacak şekilde, matematiğin okul, sınıf ve konu düzeylerinde hedefleri saptanmış; konu düzeyindeki hedefler davranışlar cinsinden ifade edilmiştir (MEB, 1991).

Matematikteki öğrenmeler, bu alanın yapısı itibariyle, birbirine çok sıkı şekilde bağlıdır, diğer bir deyişle matematik ön-şart oluş ilişkilerinin en güçlü olduğu bir alandır. Bu bakımdan bir konunun öğretimine başlanılmadan önce, bu konuyla ilgili önceki öğrenmelerle kazanılmış olması gereken davranışların öğrencilerde var olup olmadığına bakılmalıdır. Bazı davranışların bazı öğrencilerde henüz bulunmadığı anlaşılırsa, yeni konuyla ilgili öğretim faaliyetlerine başlanılmadan önce, bu öğrencilerin gözlenmeyen davranışlarının tamamlanması yoluna gidilmelidir. Aksi halde yeni öğrenmeler zorlaşır, hatta bazen imkânsızlaşır. Eksik öğrenmeler aşağıdaki yollardan biri veya birkaçına başvurularak tamamlanabilir.

1. Alıştırma vermek,
2. Bu davranışları kazanmış öğrencilerden yararlanmak,
3. Ders kitaplarından ve yardımcı kitaplardan yararlanmak,
4. Aynı davranışları eksik olan öğrencilerden guruplar yapılarak bunlar için ek öğretimde bulunmak (Baykul, 1998).

1.4.2. Öğretim yöntemleri

Öğretim yöntemi, öğretim etkinliklerinde amaca ulaşmak için izlenen yol olarak tanımlanabilir. Bilgi edinmede zaman ve kalitenin önem kazanmasıyla, öğretimde kullanılan yöntemler de önem kazanmıştır. Yöntemden beklenen, sonuca götürücü olması, tam öğrenmeye yol açması, az maliyetli olması gibi özelliklerdir.

Öğretim yöntemleri, öğretmen veya öğrenciyi eksen alması durumuna göre öğretmen merkezli ve öğrenci merkezli olmak üzere iki sınıfa ayrılır. Öğretmen merkezli yöntemde aktif olan öğretmendir. Öğretmen bilgiyi aktarır, öğrenci dinler ve öğrenmeye çalışır. Öğrenci pasiftir ve alıcı durumdadır. Öğretmenin derste çok soru sorması ve öğrencilerin derse katılımını sağlaması onlardan aldığı cevapları toparlayıp özetleyerek sonuca gitmesi dersi öğrenci merkezli hale getirmez. Bu durumda ders yine öğretmen merkezli bir derstir. Düz anlatım yöntemi, soru cevap yöntemi öğretmen merkezli yöntemlerdir. Öğrenci merkezli yöntemlerde ise öğrenciler hazırlanmış bulunan öğretim ortamlarında bilgiyi kendileri üretirler. Öğretmene sorular sorar ondan yardım alırlar ancak bu sorular öğrencilerin kendi ihtiyaçlarından doğan sorulardır. Öğretmenin konumu sorulan sorulara cevap vermek, öğrencilerin bir güçlükle karşılaşmaları halinde onlara yol göstermektir. Aşağıda tanıtılacak olan buluş yolu, senaryo ile öğretim, deneysel yöntem, oyunlarla öğretim öğrenci merkezli yöntemlerdir. Matematik derslerinde öğretilen bir bilginin işe yaraması, çoğu kez onun kavranması ve uygulamaya geçirilmesi ile mümkün olur. Örneğin orantının özelliklerini bilmek, öğrenciye bir şey kazandırmaz; çünkü hayatta, yazılı sınavların dışında kimseye orantının özellikleri sorulmaz. Bunun yanı sıra insan herhangi bir gününü planlarken "Geçen gün 85 m2 duvarı badana etmek için 7 saat harcadım. Bu gün200 m2 badana yapmam gerekiyor. Bu iş ne kadar zamanımı alır? Bir günde bitirebilir miyim?" gibi bir soruyla yüz yüze kalabilir. Bu örneğin de gösterdiği gibi matematik bilgilerin kazandırılmasının yanı sıra, bunların kavrama ve uygulama düzeyleri çok önem kazanmaktadır. Bundan ötürü matematik derslerinde kullanılan yöntemler çeşitlilik göstermektedir. Hatta bazen bir konunun verilmesinde bile birkaç yönteme başvurmak gerekebilir (Altun, 1998).

İnsan, hiçbir öğretme kuramı ya da öğretme modeli olmadan da öğrenebilmektedir. Ancak öğrenme olayının iyi tanınması ve öğretme modellerinin kullanılması, öğrenmeyi hem daha etkili ve ekonomik kılmakta hem de geleneksel öğretim tarzı ile öğrenilmesi mümkün olmayan bazı kavram ve becerilerin öğrenilmesini sağlamaktadır.

Öğretimde yöntemler neden gereklidir? Öğretmenler konuyu çok iyi biliyor olmalarına rağmen öğrenciye konuyu aktarırken çoğu zaman zorlanabilirler. Sorun büyük ölçüde uygun öğretim yönteminin bilinmemesi veya uygulanamamasından kaynaklanmaktadır. Önemli sorunlardan biri ne öğretileceği olduğu gibi bir diğeri de nasıl öğretileceğidir. Bu "nasıl" sorusu yöntemlerin gerekliliğini gösterir. İyi bir yöntem öğretim sırasında öğrencilerde öğrenme isteği uyandırmalıdır. Öğrencileri beden ve zihin etkinliğine yöneltmelidir. Öğrencilerin sorduğu soruların cevaplarını yine kendilerinin bulmasına olanak sağlamalıdır; yani düşünmeye yöneltmelidir. Ayrıca iyi bir yöntem öğretmenin kişisel buluşlarıyla zenginleşmelidir. Öğretmen yöntem seçiminde konunun amaçlarını ve özelliklerini, öğrencilerin özelliklerini, eldeki olanakları ve araçları ayrıca sahip olunan yetenekleri göz önünde bulundurmalıdır. Öğretilecek konuya, öğrenciye ve öğretme ortamına göre seçilecek uygun öğretim yöntemleri başarı ve ilgiyi arttırır, matematiğe karşı olumlu tutumlar geliştirir, endişe ve korkuyu azaltır. Etkili düşünme alışkanlıkları kazandırılır. Öğretimde en iyi yöntem yoktur. Her yöntemin iyi ve kötü tarafları vardır.

1.4.3. Buluş yoluyla öğretim

Buluş yoluyla öğretim modeli J. S. Bruner tarafından geliştirilmiştir. Bu model ilk ortaya atıldığı 1960'lı yılların başından günümüze değin dünyanın pek çok ülkesinde uygulanmıştır. Ülkemizde de Bruner' in yaklaşımının etkileri 1968 yılında hazırlanan ilkokul programlarında görülmektedir.

Buluş yoluyla öğrenme, öğrencinin kendi etkinliklerine ve gözlemlerine dayalı olarak yargıya varmasını teşvik edici bir öğretim yaklaşımıdır. Bu yönteme göre öğretmenin rolü, öğrencinin kendi kendine öğrenebileceği ortamı oluşturmaktır. Bruner (1991) buluşla öğrenmenin zihinde tutmayı ve transferi kolaylaştırdığını, öğrenmeyi güdülediğini savunmuştur. Buluş yolunun matematikte geniş uygulama alanı vardır. Buluş yoluyla, ilke ve genellemelerin yanı sıra kavram bilgisinin öğretimi de yapılabilir. Yöntemin genel işleyişi kavram ve genellemeye iki ya da daha fazla örnek verilmesi ve sonra kavram ve genellemelerin bu örneklerden yararlanılarak bulunması şeklindedir. Buluş yoluyla öğrenme, konu ile ilgili ön bilgilere sahip olmayı gerektirir. Buluş yöntemiyle ilgili aşağıdaki etkinliği yapabiliriz.

Bruner'in (1991) insanlara ilişkin varsayımlarını incelemek, buluş yoluyla öğretim stratejisinin genel yapısının görülmesini kolaylaştıracaktır.

1. Bütün insanların, yaşadığı yeri ve kendini öğrenme arzusu vardır. Merak, öğrenme arzusunu harekete geçirir. Meraklarıyla hareket eden insanlar, başkalarından övgü ve ödül beklemezler.
2. Bütün insanların başarılı olma güdüsü vardır ve insanlar başarılı oldukları işlere karşı ilgi duyarlar. Başarılı olabilecekleri ders ve konularda çalışma yapmaları için öğrencilere izin verilmelidir.
3. Bütün insanlar birlikte olma güdüsüne sahiptir. Bir amaç için birlikte çalışan insanlarda itici bir güç oluşmaktadır. Bunu için sınıfta, öğrencilerin birlikte çalışabilecekleri (küme, ekip, grup vb.) ortamlar hazırlanmalı, öğretme sürecinde fikir alışverişlerine dayalı öğretim yöntemleri yer almalıdır.

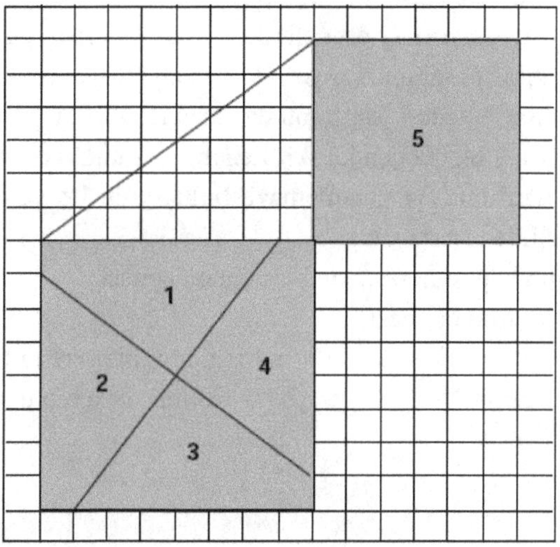

Şekil 1.2. Buluş yoluyla öğretim etkinliği (Altun, 1998).

Etkinlik: Dik üçgenle ilgili bir çalışma

Materyal: Kareli kağıt, makas, yapıştırıcı

İşlemler:

- Kareli kâğıda dik kenarları 6 ve 8 birimden oluşan bir dik üçgen çiziniz.

• Üçgenin dik kenarları üzerine bir kenarı bu dik kenar kadar olan kareler çiziniz.

• Bu kareleri şekilde gösterildiği yerlerden keserek hipotenüs üzerinde bir kare oluşturunuz (5 nolu parçayı ortaya alınız).

• Bu eşitliği daha önce gördünüz mü? Bunu cebirsel olarak nasıl ifade edersiniz?

• Şekil dik kenarları 6 ve 8 br olan bir üçgendir. Eğer 5 ve 12 br olan üçgeni çizseydiniz bağıntıyı göstermek için kareyi nasıl kesmek gerekirdi? Yukarıda bulduğunuz sonuç Pisagor bağıntısı olarak bilinen "bir dik üçgende dik kenar uzunluklarının kareleri toplam hipotenüsün uzunluğunun karesine eşittir". Yani; bir dik üçgende dik kenar uzunlukları b, c ve hipotenüsün uzunluğu a ise ($a^2=b^2+c^2$) genellemesidir (Altun, 1998).

Buluş yolunun iki tür uygulaması vardır. Bunlardan biri yukarıda örneklendiği gibi uygun materyalin kullanılması ile genellemeye ulaşma şeklindedir. Buluş yolunun ikinci bir uygulaması örneklerden yararlanarak genellemeye ulaşma şeklindedir. Yedinci sınıf programında yer alan "üçgenin kenar ve açıları arasındaki bağıntıları kavrayabilme" hedefi kapsamında kazandırılması gereken bağıntılardan (genellemelerden) biri, "bir üçgende iki kenarın uzunlukları toplamının üçüncü kenardan büyük olduğu"dur. Bu genellemeye buluş yolu ile varmak için yapılacak öğretim aşağıdaki şekilde tasarlanabilir:

• Her öğrencinin kâğıdına rastgele bir üçgen çizmesi,

• Üçgenin kenarlarını ölçmesi,

• Uzun kenarı bir yere, kısa kenarların toplamını bir yere not etmesi,

• Sonuçların arasına ">", "< " veya "=" olma durumunu gösteren işaretlerin konması,

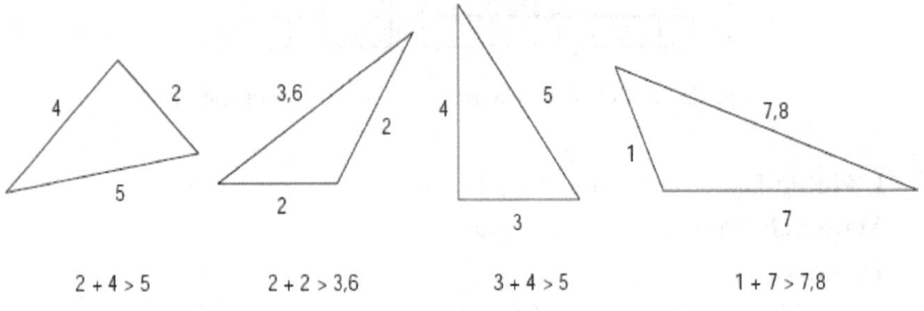

Şekil 1.3. Üçgen eşitsizliğine örnekler (Altun, 1998).

- Tüm sınıfta elde edilen sonuçların karşılaştırılması ve kenar uzunlukları a, b,c olan bir üçgende a+b > c sonucunun sınıfça paylaşılması.

Buluş yoluyla öğrenmenin etkin kullanıldığı yerlerden biri de kavram bilgisinin kazandırılmasıdır. Kavram bilgisinin buluş yolu ile kazandırılmasında, kavramın tanımı verilmeden kavrama uyan ve uymayan örnekler birlikte verilir ve öğrencilerin örnekleri inceleyerek kavramın özelliklerine, en sonunda tanımına ulaşmaları beklenir (Altun, 1998).

1.4.4. Sunuş yoluyla öğretim (anlamlı öğrenme)

Bu model buluş yoluyla öğretime alternatif olarak, Ausubel tarafından geliştirilmiştir. Burada 'sunuş' ilkeleri, kavramları, düşünceleri 'ileri sürme ve açıklama' anlamında kullanılmaktadır. Bu yönteme göre insanlar için bilgi kazanımı, buluş yolundan çok alma yoluyla olmaktadır. İnsanlar bilgilerini daha çok kendilerine sunulan kavramları, ilkeleri ve düşünceleri alarak artırmaktadırlar. Öğrencilere sunulan materyal ne kadar düzenli ve amaca uygun olursa öğrencilerin öğrenmeleri de o kadar iyi olmaktadır. Burada sunuş, olgu ve düşünceleri açıklayıcı bir biçimde ortaya koyma anlamına gelmektedir. Bu yaklaşımda öğretmen, öğrenilecek materyali dikkatle örgütlenmiş, öğrenmeye elverişli bir sıraya konmuş olarak sunar ve öğrenciler, kendileri için elverişli bir düzende sunulan bu bilgileri etkili ve verimli bir biçimde alırlar.

Anlamlı öğrenmenin gerçekleştirilebilmesi için:

1. Öğrenciye sunulan öğrenme malzemesi anlamlı olmalıdır. İçerik birbiriyle ilişkilendirilebilmelidir.
2. Öğrenci, öğreneceği bilgiyle ilgili ön bilgiye sahip olmalıdır. Yeni öğrenilenler bilişsel yapıda tutunacak yer bulabilmelidirler.
3. Öğrenci parçalar arasındaki ilişkileri fark etmeye çalışmalı ve önceki bilişsel yapısıyla ilişkilendirilmelidir (Açıkgöz, 2003).

Ausubel' in sunuş yoluyla öğretim stratejisinin özellikleri genel olarak şunlardır:

1. Öğrenme ortamında, öğrenci ile öğretmen arasındaki etkileşim çok önemlidir. İlk sunuşu öğretmen yapar, bunu öğrencilerin fikirleri ve tepkileri takip eder.
2. Sunuş yoluyla öğretimde örnekler çok önemli rol oynar. Öğretmen ve öğrenciler konuyu örneklendirirler.
3. Sunuş yoluyla öğretim tümdengelim yöntemine dayandığı için, en genel kavramın önce öğretilmesi gerekir.

4. Sunuş yoluyla öğrenme için öğrencilerin soyut düşünebilmesi gerekir. Bu nedenle, bu yöntem ilköğretim 5.sınıftan sonraki eğitim kademeleri için daha uygundur.
5. Anlamlı öğrenme mantıklı bir sıra içinde gerçekleştirilir. Açıklanacak konunun, bir bütünlük içinde kendisini oluşturan öğelerin birbiriyle olan ilişkilerinin görülecek şekilde sıralanması ve işlenmesi gerekir (Erden ve Akman, 2000).

1.4.4.1. Tam öğrenme modeli (okulda öğrenme yaklaşımı)

Tam öğrenme, okulların öğretme amacını güttüğü tüm yeni davranışları hemen hemen bütün öğrencilerin öğrenebileceği görüşü üzerine temellendirilmiş olan bir yaklaşımdır (Bloom, 1979). Tam öğrenme modelinde öğrenmeye etki eden faktörler kontrol altına alınarak, hemen hemen herkesin öğrendiği bir yapı oluşturmak mümkündür. Bu modele göre insanlar arasındaki zihinsel farklılığın nedeni, doğuştan getirdikleri özellikler değil, çoğunlukla sonradan meydana gelen öğrenmelerdir. Doğuştan getirilen özellikler, sonradan öğrenilenlerin yanında önemli değildir.

Tam öğrenmenin gerçekleşebilmesi için, öğrenmeye etki eden değişkenlerin kontrol altına alınması gerekir. Öğrenmeye, doğuştan getirilen ve çevreden kaynaklanan birçok faktör etki eder. Tam öğrenme modelinde, doğuştan getirilen faktörler üzerinde değişiklikler yapılamayacağı için farklılıkların çevresel faktörlerden oluştuğu kabul edilir. Tam öğrenme modelinin temel amacı, öğrenmeye etki eden faktörleri kontrol altına alarak öğrenmeyi gerçekleştirmektir. Zekâ, öğrencilerin kişilik özellikleri, ailenin sosyo-ekonomik düzeyi, dersle ilgili ön öğrenmeler, derse karşı tutum, ilgi, başarılı olabileceğine inanç, zaman ve öğretim hizmetinin niteliği bu modelde öğrenmeye etki eden faktörlerdir (Senemoğlu, 2001). Öğretme ve öğrenme süreciyle değiştirilebilir ve değiştirilemez özellikler aşağıdaki tabloda verilmiştir.

Çizelge 1. 1. Öğretme ve öğrenme süreciyle değiştirilebilir ve değiştirilemez özellikler (Senemoğlu, 2001)

Değiştirilebilir	Değiştirilemez
Dersle ilgili ön öğrenmeler	Zekâ (Genel yetenek)
Derse karşı tutum, ilgi	Öğrencinin kişilik özellikleri
Başarılı olabileceğine inanç	Ailenin sosyo-ekonomik düzeyi
Öğretim hizmetinin niteliği	
Zaman	

Bloom'a (1979) göre okulda tam öğrenmenin gerçekleşebilmesi için:

1. Yeni davranışların öğrenilmesi için, gerekli önkoşul davranışlar öğrenilmiş olmalıdır. Yani, ideal öğrenme koşullarının sağlanması gerekir.
2. Öğrencinin bir üniteyi öğrenebilmesi için gerekli zamana sahip olması ve istenen çabayı göstermesi gerekir. Öğrenci, ayrıca güdülenmiş de olmalıdır.
3. Öğretim; öğrencilerin ihtiyaçlarına uygun, anlamlı ve işe yarar olmalıdır.

1.4.4.2. Araştırma inceleme yoluyla öğretim

Bu yöntemin okullarda kullanılmasını öneren kişilerden biri J. Dewey'dir. Dewey'in, aktif öğrenme yöntemlerinin gelişmesinde önemli katkıları olmuştur. Bilgi aktarma ve ezberlemeye dayanan geleneksel öğretim yöntemlerine karşı çıkmış, gerçek yaşantılar geçirmeyi ve yaşantı üzerine düşünmeyi öne çıkarmıştır. Metinden ve öğretmenden öğrenme yerine, yaşantı yoluyla öğrenmeyi, dışsal disiplin yerine özgürlüğü, durağan amaçlar yerine ise değişen dünyayı önermiştir (Dewey, 1987).

Bu stratejide temel kavram gerçek problemlerdir. Öğrencilerin gerçek problemlerle karşı karşıya gelmesi, bilgi toplaması ve belirlediği çözümü uygulaması gerekir. Bu tür çalışmalar ile öğrencinin gerçek yaşamla arsında ilişkinin kurulması sağlanacaktır. Örneğin trafik kurallarına yeterince uyulmayan bir şehirde yaşayan bir öğrenci, niçin kurallara uyulmadığını belirlemek için bilgi toplamalı, çözüme ilişkin hipotezler ileri sürmeli ve çözümde aktif rol almalıdır. Bu süreçte, öğrencilerin hem problem çözme yöntemini hem de proje yöntemini kullanmaları gerekir. Diğer yaklaşımlarda olduğu gibi bütün derslerde kullanılabilir.

Bu yaklaşım, öğrencilere sistematik problem çözme becerisi kazandırır. Öğrenciler, hayatta karşılaşacakları problemleri de bu yollarla çözmeye başlarlar. Bu yaklaşım ile öğrencilere de uygulama ve daha üst düzeyde davranışlar kazandırılabilir. Araştırma inceleme yoluyla öğrenme yaklaşımının uygulanması için zamana ihtiyaç vardır. Ayrıca öğretmen aktif bir danışman gibi davranmalı ve öğrencilere rehberlik etmelidir.

1.4.4.3. İşbirliğine dayalı öğrenme (kooperatif öğrenme)

Vygotsky, sosyal etkileşimi gelişimin vazgeçilmez koşullarından biri olarak görmüştür. Ona göre gelişim, çevreyle ve çevredeki diğer insanlarla etkileşimin bir ürünüdür. Geleneksel öğretim yöntemlerinde öğrenciler çoğunlukla edilgen olduğundan, sosyal etkileşim için gerekli ortam sağlanamaz. Öğrenciler, zihinsel gelişim sürecinde başkalarına ihtiyaç duyarlar (Selçuk, 2001).

İşbirliğine dayalı öğrenmenin en önemli özelliği, öğrencilerin ortak bir amaç doğrultusunda, küçük gruplar halinde birbirlerinin öğrenmelerine yardım ederek çalışmalarıdır. Bu yaklaşımın kullanıldığı sınıflarda, öğrenciler sadece kendi öğrenmelerinden değil, grup arkadaşlarının öğrenmelerinde de sorumludur. Grup ya birlikte başaracaktır ya da birlikte başarısız olacaktır. Bu ise sınıfta yüz yüze bulunmayı, içten iletişim kurmayı, dayanışma ve sorumluluk almayı gerektirir.

Her grup çalışması işbirlikçi öğrenme değildir. İşbirlikçi öğrenmede karşılıklı iletişim, soru sorma, tartışma ve diğerlerinden öğrenme vardır. Bir grubun kazanımı, her zaman üyelerinin kazanımlarının toplamından daha fazladır. Öğrenmenin en iyi yolu öğretmedir. Bu yaklaşım grup üyelerinin birbirlerine öğretim yapması için fırsatlar yaratır. Bir grubun işbirlikçi yapıya dönüşebilmesi için grup üyeleri arasında olumlu bağlılık, yüz yüze destekleyici etkileşim, bireysel sorumluluk, sosyal beceri ve ilerleyişi değerlendirme gibi özellikler bulunmalıdır (Saban, 2004).

1.4.4.4. Yapılandırmacı (yapısalcı) yaklaşım

Yapılandırmacı yaklaşım, felsefi temelleri olan öğrenme - öğretme yaklaşımıdır. Çalışma sahası çoğunlukla, bilgi, bilginin doğası, nasıl bildiğimiz, bilginin yapılandırma süreci, bu sürecin nelerden etkilendiğini gibi konulardır. Yapılandırmacılığın temelleri Piaget, Dewey, Vygotsky, tarafından atılmıştır. Yapılandırmacılar öğretmenin mutlak egemenliğini, ders kitaplarına aşırı bağımlılığı ve bilgi aktarma gibi geleneksel okulun birçok özelliğinin eleştirmişlerdir. Bu nedenle birçok eğitimci tarafından kabul edilmiş ve uygulamaya geçirilmiştir. Yapılandırmacılığın son yıllarda yoğun ilgi görmesi dört temel nedene dayanmaktadır (Kaptan ve Korkmaz, 2000).

Yapılandırmacı yaklaşımda, fikirler mutlak doğru ve mutlak yanlış olarak görülmez. Yapılandırmacı yaklaşıma göre bilgi ya da anlam, bireysel olarak yapılandırılan şey olduğundan dünyada hiçbir nesne, olay, olgu, ya da kavrama ilişkin tek ve nesnel bir geçeklikten söz edilemez. Yapılandırmacı öğrenme modelinde öğrenciler, daha önceki deneyim ve ön bilgilerinden faydalanarak yeni karşılaştıkları bilgileri anlamlandırırlar. Ham bilgiler eğer var olan yapıyla çelişmiyorsa ve eski bilgiler ile ilişkilendirilebiliyorsa, yeni bilgi öğrencinin zihinsel yapısı içerisinde uygun bir yere eklenir. Böylece ham bilgi, önceki bilgilerle ilişkilendirilerek özümsenir ve içselleştirilir.

Yapılandırmacı yaklaşımda öğretmen ve öğrencinin görevleri şunlardır:

Çizelge 1. 2. Yapılandırmacı yaklaşımda öğretmen ve öğrencinin görevi (Saban, 2004)

Öğretmen	Öğrenci
Öğrencilerin ilk elden bilgi edineceği durumlar ve problemler yaratırlar.	Öğrenci, duyu organları vasıtasıyla edindiği bilgiyi anlamlandırır ve yapılandırır.
Öğrencilerin öne sürdükleri fikirleri desteklerler.	Öğrenciler kendi öğrenmelerinden sorumludurlar.
Öğrencilere ödev verirken sınıflandırma, analiz, tahmin ve yaratıcılık gibi bilişsel kavramlara yer verirler.	Öğrenciler, sınıfta genellikle grup içinde ve diğerleriyle çalışır.
Öğrencilerin istekleri doğrultusunda, dersin içeriğinde ve öğretim stratejilerinde değişiklik yaparlar.	Öğrenci, öğretmenin yapılarını kabul etmek yerine kendi yapılarını oluşturur.
Öğrencilerin birbirleriyle ve kendisiyle iletişime girmelerine izin verirler.	Öğrenciler görüşlerini ifade etmekten, tahmin yapmaktan ve hipotez ileri sürmekten çekinmezler.
Öğrencilere açık uçlu sorular sorarlar ve yeterli zaman verirler.	Öğrenci kendi gelişimi hakkında bilgi sahibidir. Değerlendirme sürecinde rol alır. (Portfolyo değerlendirme)
Öğretmenin görevi, öğrenmenin kolaylaştırılması ve öğrenci zihninde bilgilerin yapılandırılması için yardım etmedir. Öğretmen kontrol edici ve empoze edici değildir.	Öğrenciler gerçek durumlarla ve gerçek nesnelerle etkileşime girer.

Piaget'nin öğrenmeye ilişkin görüşlerini özetleyecek olursak şunları söyleyebiliriz. Ona göre, düşünce gelişimi kelimeler sonucunda değil, faaliyetlerin sonucunda oluşur. Bu nedenle öğrenciye bilgi aktarılmamalı, keşfetme ve yapılandırma fırsatı verilmelidir. Öğrenme sürecinde, yeniden yapılandırma gerçek öğrenmeyi oluşturur. İnsan zihninde gerekli yapılar oluşturulmadığı zaman, öğrenme yüzeysel kalır ve bu öğrenilenler kullanılabilir olmaz (Charles, 2003).

1.4.5. Matematik öğretiminin amacı ve önemi

Matematik, genel mantığın uygulama alanı ve insan zekâsının bu yolda işlemesi görevini görür. Ayrıca; mekanik, fizik, astronomi bilimlerinin de temelini teşkil eder. Bunların dışında, sosyal bilimler, tıp, jeoloji, jeofizik, psikoloji, sosyoloji ve iş idareciliği gibi alanlarda da, matematiğe geniş bir şekilde ihtiyaç duyulur ve yaygın bir şekilde kullanılır. Bugünün medeniyetinde ön safı tutan, büyük endüstri ve yan kuruluşları, istihkâm hizmetleri hep matematiğin yardımı ile yapılmış eserlerdir. Şu an siz bu yazıyı okurken, karşınızda duran bilgisayarınızın içinde milyonlarca matematik işlemi büyük bir sürat ile yapılmakta ve sonuçları size görüntü ve ses olarak sunulmakta. Yolda yürürken gördüğünüz binalar, taşıtlar ve yollar hep matematik ve mühendisliğin ortaya koymuş olduğu tasarımlardır. Onun için en soyut bir ilim olan matematik, ikinci elden pratik hayata da tesir ediyor demektir. Denilebilir ki; günlük yaşantımızın her evresinde, karşı karşıya olduğumuz bir bilimin tarihini bilmek, matematiğin önemini kavramanın temeli olsa gerekir

"Matematik" sözcüğü, "bilim, bilgi ya da öğrenme" anlamına gelen Eski-Yunanca μάθημα (máthema) sözcüğünden türetilmiştir ve μαθηματικός (mathematikós) "öğrenmekten hoşlanan" anlamına gelir.

Matematik, öğrenme ve öğretme programlarında niçin vardır? Matematik, çocukların ve gençlerin hayatında neden hep önemli bir ders olmuştur? Bu soruların cevabı aynı zamanda matematik öğretiminin amacını da oluşturur.

Matematik öğretiminde amaç: matematiksel düşünce sistemini öğrenmek ve öğretmektir. Temel matematiksel becerileri (problem çözme, akıl yürütme, ilişkilendirme, genelleme, iletişim kurma, duyuşsal ve psikomotor gelişim) ve bu becerilere dayalı yetenekleri, gerçek hayat problemlerine uygulamalarını sağlamak; bireysel olarak matematik çalışmaları ile gençleri geleceğe hazırlarken kendi matematiksel beceri ve yeteneklerinde ileriye gitmelerini sağlamak, gençlerin gelişen teknolojiyi takip edebilmelerine imkân verecek zihinsel becerileri nasıl kazanabileceklerini öğretmek; matematiğin dayandığı esasların bazılarını anlayabilmek, dünya kültüründe ve toplumdaki yerimizi değerlendirebilmek sanatsal boyut içerisinde de yer alan matematiğin önemini öğretmek; matematiğin sistematik bir bilgi ve bilgisayar dili olduğunu öğretmektir. Matematik, akıp giden insanlığın ortak zekâsının anıtsal abidesidir. Yeter ki akıp giden, insanlığın ortak zekâsı olan bu enerjiyi iyi algılayabilelim ve anlayabilelim.

1.4.6. Matematiği neden öğretiyoruz?

Her ülkede, her düzeydeki okulda matematik öğretiminin gerekirliği hemen hemen tartışılmaz bir kanı olarak yerleşmiştir. Hatta denilebilir ki bir ulusun eğitim dizgesinde matematiğe ayrılan yer, o ulusun kendi dilini öğretmek için ayrılan yere eşdeğerdir. Bundan da öte, öğrencilerin matematikteki başarı düzeyinin, öteki derslerde gösterdikleri başarıdan daha belirleyici rol oynadığı kanısı, toplumun her kesiminde yaygındır. O halde, matematik öğretiminin neden gerekli olduğunun herkes tarafından iyice bilindiği varsayılabilir. Ancak, toplumun çeşitli kesimlerinde ve hatta eğitimle ilgili kişiler arasında bu soruya yanıt aramaya kalkarsak, matematik öğretimini gerekli kılan nedenlerin, ya hiç bilinmediğini ya da 20. Yüzyılda matematik bilgisi olmadan normal bir yaşamın sürdürülemeyeceği gibi tartışmaya taban oluşturamayan yerleşik kanıların tekrarlandığını görürüz. Bunun yanında, özellikle, konuya eğitsel açıdan bakan bazı kişilerin, matematik öğretiminin, çocukta doğuştan gelen yeteneklerin ortaya çıkmasını ve gelişmesini sağladığını savundukları görülebilir.

Eğitim ve öğretimin her basamağında iyi bir matematik öğretiminin yapılabilmesi için, hedeflerin iyi belirlenmiş olması gerekir. Bu hedeflerin doğru belirlenebilmesi için "matematiği neden öğretiyoruz?" sorusuna verilebilecek yanıtlar eksiksiz olarak ortaya konmalıdır. Bu bölümde, önem sırası gütmeksizin, matematik öğretimini gerekli kılan genel gerekçeler şunlardır;

1. Matematik güçlü, özlü ve belgin evrensel bir iletişim aracıdır. Bütün çağlarda insanlığın ortak dili olmuştur. Bu niteliklerden ötürü yaygın öğretimde yararı ve hatta gereksinimi vardır.
2. Yetişkin insanın kendi gündelik yaşamında matematik bilgi, iş ve meslekte matematik bilgi ve becerisine gereksinim vardır.
3. İleri düzeydeki öğrenim için yeterli matematik bilgi ve becerisine gereksinim vardır.
4. Matematiğe özel yeteneği olanları ve matematiği bir sanat ya da bir zevk aracı olarak gösterecek kişilere gerekli bilgilerin kazandırılması, eğitimin hedefleri arasında olmalıdır.
5. Matematik, mantıksal düşünmeyi öğrenmenin; kesinliğe erişmenin ve evrensel doğruları bulmanın bir aracıdır. Bu aracı kullanmayı öğretmek, gerekli ve yararlıdır (Karaçay, 1985).

1.4.7. Matematiğin kullanıldığı alanlar

1. Doğa olaylarını anlama ve doğaya egemen olma çabasında; temel bilimlerde,
2. Teknikte, teknolojide, mühendisliğin her türünde,
3. Biyoloji, tıp, eczacılık, tarım, gıda, vb. bilim ve uygulama alanlarında,
4. Ticaret, ekonomi, işletme, endüstri, maliye vb. alanlarda,
5. Askeri amaçlarda,
6. Kurum ve devlet yönetiminde.

Matematik öğretiminin gerekçelerine ve kullanım alanlarına bakarak, herkesin öğrenmesi gereken konuları içeren bir öğretim izlencesi (müfredat) hazırlama olanağı yoktur. Ama çağımızda her normal insanın bilmesi gereken ortak konular şöyle sıralanabilir:

- Sayıları okumak,
- Saymak,
- Zamanı okumak,
- Alışverişte ödeme yapabilmek,
- Bozuk para üstünü verip alabilmek,
- Tartmak ve ölçmek,
- Taşıtların kalkış ve varışlarını belirten zaman cetvellerini okuyabilmek,
- Basit grafikleri, diyagramları, şemaları anlayabilmek,
- Bunlarla ilgili aritmetik işlemleri yapabilmek,
- Duyarlı yaklaşım yapabilmek (tanesi 995 liraya satılan üç malın neden 3000 liranın biraz altında tutacağının kestirilmesi gibi...),
- Bildiği matematiği etkin ve güvenle kullanabilmek. (kendine güvensiz kişilerin matematik yapmaktan kaçındığı; alışverişte daima bütün para verip üstünü beklediği bilinir...)

Farklı yaş grupları ve farklı amaçlı okullar için yukarıda sıralanan temel konularla birlikte, o okulun amacına uyan başka bilgileri de kapsayan öğretim izlencelerini (müfredat) hazırlamak gerekir. Ayrıca nasıl ki resim, müzik, spor, edebiyat gibi alanlar özel yetenek istiyor ve herkese öğretilemiyorsa; matematik öğrenimi de özel yetenek ister. Bu nedenle, aynı amaçlı okulda okuyan aynı yaş grubundaki öğrencilerin matematiği eşit düzeyde öğrenme olanağı yoktur. Bu nedenle, hem öğretim izlencesinin saptanması hem de öğretim yöntemlerinin geliştirilmesi büyük önem taşır (Karaçay, 1985).

1.5. Araştırmanın Problemi

"İlköğretim 2. kademe öğrencilerinin üçgenler ve geometrik cisimler konusundaki kavram yanılgıları nelerdir?" sorusu bu araştırmanın problemin cümlesini oluşturmaktadır. Bu çalışmanın amacını gerçekleştirebilmek için aşağıdaki alt problemler oluşturulmuş ve bunlara yanıt aranmıştır.

1.6. Alt Problemler

1. İlköğretim 2. kademe öğrencilerinin üçgenler konusunda geçen kavram, tanım ve genellemeleri birbirleriyle ilişkilendirmede görülen sorunlar, yanlış öğrenmeler ve kavram yanılgıları nelerdir?
2. İlköğretim 2. kademe öğrencilerinin geometrik cisimler konusunda geçen kavram, tanım ve genellemeleri birbirleriyle ilişkilendirmede görülen sorunlar, eksik öğrenmeler ve kavram yanılgıları nelerdir?
3. İlköğretim 2. kademe öğrencilerinin geometrik cisimleri birbirinden ayırt etme ve aralarındaki temel farkları görebilmede bilgi eksiklikleri ve kavram yanılgıları nelerdir?
4. İlköğretim 2. kademe öğrencilerinin açılarına göre üçgen çeşitlerini kavramalarında ve üçgen çeşitlerini tanımlamada yaptıkları kavram yanılgıları nelerdir?
5. İlköğretim 2. kademe öğrencilerinin üçgenleri kenarlarına göre sınıflandırmada ve bunlar arasındaki farkları anlayabilme konusunda sahip oldukları hatalar ve kavram yanılgıları nelerdir?
6. İlköğretim 2. kademe öğrencilerinin üçgenler ve geometrik cisimler konusuyla ilgili problem çözmede kavram yanılgıları nelerdir?
7. Yukarıdaki alt problemler test uygulaması yapılan okulların testteki başarı durumlarına göre de araştırılacaktır.

Bu alt problemlerin tespitinde kullanacağımız ilişkili sorular aşağıdaki tabloda verilmiştir.

Çizelge 1. 3. Alt problemler ve ilişkili sorular

Alt Problemler	**İlişkili Sorular**
1. Alt Problem	2, 7, 9, 10, 13, ve 16. sorular
2. Alt Problem	12, 14, 15 ve 17. sorular
3. Alt Problem	3, 4, 5, 8 ve 11. sorular
4. Alt Problem	1. soru
5. Alt Problem	6. soru
6. Alt Problem	18, 19 ve 20. sorular

1.7. Araştırmanın Amacı

Geometri dersinde problem çözümleri üzerinde sıkça durulmaktadır. Bu tür bir öğretimde önce problemin iyice anlaşılması, daha sonra verilenlerin yazılması ve çözüm yollarının düşünülmesi gereklidir. Problem çözme öğrencinin daha ilk yıllarında doğru düşünmesini ve akıl yürütmeyi öğrenmesini sağlar. Öğretmen problemi seçerken öğrencinin yaşantısını, okulun ve çevrenin ihtiyaçlarını göz önüne almalıdır. Problem çözümünde basitten karmaşığa ilkesine uyulmalıdır. Öğrenciler problem çözmede bazı güçlüklerle karşılaşabilirler. Problemi anlama güçlüğü; sayı kavramının gelişmemesi, kelime hazinesinin yetersizliği, okuma ve anlama güçlüğüne dayalıdır. Öğrenci problemin yapısını algılayamadığı için, analiz edemez, veriler arası ilişkileri kuramaz. Daha önce aynı tür problemlerle karşılaşmadığı için bu yapıdaki problemlerin temel gidiş yollarını kestiremez. Problem çözümünde öncelikle problem anlaşılmalı, problem cümlesi yazılmalıdır. Daha sonra işlemler yapılmalı ve sonucun doğruluğu kontrol edilmelidir. Anlaşılmayan problemin çözümü de güçtür.

Geometri; matematiğin önemli bir kısmını teşkil etmektedir. Bu yüzden geometriyi tam olarak kavrayabilen bir öğrenci matematiğin önemli bir bölümünü halletmiş demektir. Elbette ki hangi dersin konusu olursa olsun, bir konunun öğretiminde öğretmen başroldedir. Çünkü öğrencinin eksik bilgilerini tamamlayabilecek olan ve yanlışlarını düzeltebilecek olan ayrıca ona yeni bir şey öğretebilecek konumda olan öğretmendir. Bazı durumlarda da öğretmen öğrencilerde kavram yanılgılarına neden olabilmekte veya öğrencide önceden var olan kavram yanılgılarını düzeltebilmede yetersiz kalabilmektedir. İşte bu araştırmada ilköğretim 2. kademe öğrencilerinin üçgenler ve geometrik cisimler konusundaki kavram yanılgıları ve bunları gidermenin yolları üzerinde durulacaktır.

1.8. Araştırmanın Önemi

İlköğretim matematik programında, çevrede karşılaşılan ve sık sık kullanılan geometrik şekillerin tanınması, bunların özelliklerinin ve aralarındaki ilişkilerin kavranması, bu şekillerin, uzunluk, alan, hacim gibi ölçülerin ölçme ve hesaplama yoluyla bulunması, bilgi ve becerilerinin edinilmesi ile ilgili amaçlar ve davranışlar vardır. Bu amaçlar ve davranışlar; ölçüsel olan ve olmayan geometrinin, günlük yaşamda çok kullanılan birçok konusunu içermektedir (Baykul, 2002). Bu öneminden dolayı, geometri öğretimine ilköğretimin tüm sınıflarında yer verilmektedir. Ayrıca, geometrik bilgiler, matematikle ilgili diğer konuların öğretiminde; problem çözme çalışmalarında bir materyal olarak kullanılır (Altun, 1998).

Geometrik cisimler ve şekiller, bunların özellikleri, birbirleriyle ilişkileri geometrinin konusudur. İlköğretimin ilk yıllarında, geometrik cisimleri ve şekilleri tanıma, adlandırma, inşa etme, çizme, karşılaştırma ve belli özelliklere göre gruplandırma etkinliklerinin yapılması önerilmektedir. Böylece öğrencilerin çevrelerinde gördükleri nesnelerle, geometride birer soyutlama olarak incelenen kavramları ve terimleri ilişkilendirmeleri daha kolay olacağı söylenebilir. Geometrik cisim ve şekilleri oluşturan elemanlar (kenar, açı, vb.) ile bunların nitelikleri (paralel kenarlar, dik açı, vb.) somut nesneler ve modeller üzerinde inceletilerek öğrencilerin genellemelere ulaşmaları sağlanabilir. Ayrıca çevredeki nesnelerin şekilleri analiz edilerek bu nesnelerin yüzlerindeki geometrik şekilleri tanıma, adlandırma ve çizim etkinliklerinin yapılması da öğrencilerin öğrenmelerine olumlu katkı sağlayabilir. Bu etkinliklerde, incelenen geometrik cismin ve şeklin somut modelinin duruşunun cismin özelliklerini değiştirmediği de incelenebilir (MEB, 2005).

1.9. Araştırmanın Gerekçesi

Matematik, bilimde olduğu kadar günlük yaşamdaki problemlerin çözülmesinde de kullandığımız, dünyayı anlamlandırmamıza yardımcı olan önemli araçlardan biridir (Baki, 2001). Bu öneminden dolayı matematikle ilgili amaçlarla eğitim sürecinin her kademesinde karşılaşırız. Fakat birçok öğrenci bu dersin zamanla daha da zorlaştığını ve sıkıcı hale geldiğini düşünür. İlköğretimin birinci kademesinde matematik dersini işlemekten zevk alan öğrenciler daha sonraki yıllarda dersi monoton görmeye başlarlar. Bunun sonucunda da öğrenciler dersten uzaklaşmış olurlar ve matematik eğitiminde hedeflenen gelişmeler engellenmiş olur (Baki ve Bell, 1997).

Geometri günlük yaşamın hemen her alanında gereklidir. Geometride uzunluk, alan, yüzey, açı gibi kavramlar bazı nicelikleri belirlemede kullanılır. Geometri'nin en çok iç içe olduğu dallar; cebir ve trigonometri, mimarlık, mühendislikler (Yol, köprü, yapı, makine, gemi ve uçak yapımı; maden, su ve elektrik işleri gibi bayındırlık ve zanaatla ilgili teknik çalışmalar, vb.), endüstriyel alanlar, simülasyonlar, bilgisayar programları ve grafikleri, tasarım, sanat vb.dir. Geometrinin kullanılmadığı meslek ya da alan yok gibidir desek yerinde olur. Bu nedenle öğrenciler geometriyi sevmeye teşvik edilmeli ve bu derste daha başarılı olmaları için öğretmenler tarafından daha çok çaba gösterilmelidir.

2. LİTERATÜR BİLDİRİŞLERİ

2.1. Kavram Nedir?

Kavram, bir düşüncenin veya bir nesnenin zihindeki soyut ve genel tasarımı, nesnelerin ve olayların ortak özelliklerini kapsayan, ortak bir ad altında toplayan soyut ve genel bir fikirdir (TDK, 2005)

Kavram, sözcük olarak, "nesnelerin ya da olayların belirli ortak özelliklerini taşıyan ve ortak ad altında toplayan soyut ve genel bir isimdir. " Doğru, ışın, açı, üçgen, paralelkenar, çokgen, işlem, benzerlik, küme vs. birer matematiksel kavramdır. Matematiğin yapısında tanımsız kavramlar, tanımlar, aksiyomlar ve teoremler gibi temel elemanlar vardır (Küçük ve Demir, 2009).

Kavram, öğrenme, yorulma, çevirme ve öteleme şeklinde üç basamağı içerir. Bireyin bu üç basamağı aşabilmesi için, nesne, olay, fikir ve davranışların ve olayların ortak elemanlarını soyutlayarak algılayabilmesi ve bunların benzer olan ve olmayan yanlarını ayırt edebilmesi gerekmektedir. Bir bilginin hatırlanması onun bilindiği anlamına gelir. Ancak bu hatırlama ezberleme suretiyle de olabilir, kavramak suretiyle de. İşte bu kavrama basamağı, kavrayan bir kimseyi ezberlemiş olan bir kimseden ayıran davranışlardan olur (Alkan ve Altun,1998).

Soyut kavramlar öğrenciler tarafından zor kazanılır. Matematiğin öğrencilere zor gelmesinin sebeplerinden biri de budur. Ancak soyut olan matematik kavramları, öğretim sırasında somutlaştırılarak ve somut araçlar kullanılarak verilirse bu zorluk giderilebilir veya azaltılabilir (Baykul, 1999).

Kavramlar, düşünce sürecimizin çok önemli bir parçasıdır. Çünkü onlar uğraşmak durumunda olduğumuz bir olay ve fikirden anlam çıkarmamıza yardımcı olur. Çevremizi oluşturan etmenleri kolaylıkla anlayabilmemizi sağlar. Bu sebepledir ki kavramları sıkça kullanırız ve dilimizde de karmaşık fikirleri ifade edebileceğimiz çok sayıda soyut kavramlar yer almaktadır. Matematikte de bu tür soyut kavramlar vardır. Örneğin; nokta, doğru, ışın, düzlem vb.

Bourne'ye göre kavram, her zaman var olan görülebilir obje ya da olayların birlikte sınıflandırılması ve bunların bazı yaygın özelliklerinin temel alınarak diğer objelerden ayrılmasıdır. Dresel ise kavramı, objeler ve olaylar dünyasını daha küçük kategorilere ayıran özetler olarak tanımlar (Karapür, 2002).

Kavramlar matematik için çok önemlidir. Matematik insanı ve sürdürdüğü yaşamı tüm boyutlarıyla anlamak için vardır. İnsanı ve yaşamı anlamaya çalışırken, onlar hakkındaki olgusal bilgiler yığınını öğrenmeye, daha doğrusu ezberlemeye çalışmak, insanı ve yaşamı anlamak için yeterli ve anlamlı bir iş olmayacaktır. Bir sekreterin etkili ve verimli olabilmesi için yaptığı işi bir düşünelim. Örneğin, giden yazılarla gelen yazıları ayrı dosyalarda toplar. Birbirine benzer işlerin aynı kategoride toplanması ve saklanması sekreterin işini kolaylaştırır. İşte kavramlar da insanı ve yaşamı anlamayı kolaylaştırır. Çünkü kavramlar yaşamın kategorileridir. Yaşamdaki canlıların hepsini tek tek incelemek ve öğrenmek mümkün değildir. Ancak bu canlıların ortak özelliklerine göre sınıflanmış halini bitki ,hayvan ve insan kavramları olarak anlamak ve öğrenmek mümkündür.

Fidan'a (1985) göre kavramların özellikleri aşağıdaki gibidir:

1. Kavramlar, somuttan soyuta derecelendirilebilir.
2. Kavramlar, basitten karmaşığa doğru bir sıralama gösterirler.
3. Bazı kavramlar birbirleriyle ilişkili birçok kavramı içerir.
4. Kavramların temel özellikleri tanımlama veya fonksiyonel yönlerden olabilir.
5. Kavramların kritik veya kritik olmayan özellikleri vardır.
6. Kavramlar, dikey ve yatay organizasyon içerisindedirler.
7. Kavramlar kişiden kişiye değişen ve değişmeyen olmak üzere iki türlü anlam taşırlar.
8. Kavramlar sürekli gelişen ve yeni anlamlar kazanan sınıflamalardır. Kavram gelişimi bireyin gelişimi ile iç içedir.
9. Kavramlar hangi yollarla kazanılırsa kazanılsın, onlara yalnız kişinin kendi yaşantıları anlam kazandırır.
10. İnsanlar kavramların önemli bir kısmını sembolik şekillerle zihinlerine yerleştirirler ve hatırlarlar.

2.1.1. Kavram yanılgısı nedir?

Kavram yanılgılarını Baki (1999), öğrencilerin yanlış inançları ve deneyimleri sonucu ortaya çıkan davranışlar olarak tanımlarken, Çakır ve Yürük (1999), kavram yanılgılarını kişisel deneyimler sonucu oluşmuş bilimsel gerçeklere aykırı olan ve bilim tarafından gerçekliği kanıtlanmış kavramların öğretilmesini ve öğrenilmesini engelleyici bilgiler olarak tanımlamaktadır. Aydoğan ve arkadaşları (2003) tarafından bildirildiğine göre Stephans, kavram yanılgısının bir kişinin bir kavramı anladığı şeklin, ortaklaşa kabul edilen bilimsel anlamından önemli derecede farklılık göstermesi şeklinde olduğunu ifade eder.

Öğrencilerin deneyimsiz teorileri veya sezgileri kavram yanılgılarının geliştirilmesine yol açar. Kavram yanılgısı, bir kişinin bir kavramı anladığı şeklin, ortaklaşa kabul edilen bilimsel anlamından önemli derecede farklılık göstermesi şeklinde ifade edilebilir.

Çocuklar, küçük yaşlardan itibaren dünyayı kendi deneyimleriyle tanıyarak, zihinlerinde bilimsel gerçeklerden farklı bir düşünce süreci oluştururlar. Temel kavramların pek çoğunu öğrenip yapılandırmaları hayatlarının erken döneminde başlarlar ve zihinlerinde oluşturdukları okula gelirler. Ne var ki çoğu soyut ve anlaşılması zor olan bu bilimsel kavramlar öğrenci zihninde hedeflenenden farklı bir şekilde yapılanabilmektedir. Öğrencilerin sahip oldukları bu ön kavramlar her ne kadar onların düşüncelerine göre oldukça iyi kurulmuş olsa da çoğunlukla bilimsel gerçeklerle çatışmaktadırlar. Bilim çevreleri tarafından kabul edilenden farklı olarak ortaya çıkan bu tür öğrenci algılamaları literatürde yanlış anlama, alternatif kavramlar, çocuk bilimi, ön kavramlar, kendiliğinden oluşan bilgiler gibi terimlerle adlandırılmaktadır (Köse ve ark., 2003; Feyzioğlu 2006).

Özerdem (2007) tarafından bildirildiğine göre Fisher, kavram yanılgılarının aşağıda belirtilen özellikleri taşıdığını ileri sürmektedir.

1. Bir veya bir grup kavram yanılgısı çoğu kişide bulunabilme özelliği gösterir.
2. Kavram yanılgıları beraberinde alternatif inanışlar yaratabilmektedirler.
3. Çoğu kavram yanılgısı en azından geleneksel metotlarla ortadan kaldırılmayacak kadar ısrarcıdırlar.
4. Bazı kavram yanılgıları bireyin çok eski geçmişinde yaşadığı deneyimlerine dayanmaktadır.
5. Kavram yanılgıları; genetik temellerden, çeşitli vesilelerle yaşanan deneyimlerden ve okul ortamındaki öğretimlerden kaynaklanabilir.

Kavram yanılgıları daha önce yapılan bazı çalışmalarda aşağıdaki gibi sınıflandırılmıştır (Güneş, 2007).

Önyargılı Fikirler:

Günlük deneyimlere dayalı popüler kavramlardır. Örneğin, çoğu insan yeryüzündeki suların akarsular halinde aktıklarını gözlediklerinden yeraltındaki suların da aynı şekilde aktıklarını düşünürler. Bu günlük yaşantıda karşılaşılan olaylardan çıkarılan önyargılı bir düşüncedir. Öğrencilerde özellikle ısı, enerji ve yerçekimi gibi konularda önyargılı fikirler çok yaygındır.

Bilimsel Olmayan İnançlar:

Öğrencilerin, efsanevi öğretim gibi, bilimsel eğitim dışındaki kaynaklardan öğrendikleri bilgilerdir. Bu bilgilerden bazıları bilimsel bilgilerle çelişebilir ve öğrencilerde kavram yanılgısına neden olur.

Kavramsal Yanlış Anlamalar:

Öğrencilere öğretilen bilimsel bilginin öğrencilerin önyargılı olarak oluşturduğu ve bilimsel olmayan inanışları nedeniyle edindiği bilgilerle çelişki ve çatışma oluşturduğunun, başlangıçta, farkına varamaması durumunda ortaya çıkar. Öğrenciler, bunun farkına vardıklarında, bu çelişki ve çatışmalarla başa çıkmak için yanlış zihinsel modeller oluştururlar ve bilimsel kavramlara karşı şüphe ile yaklaşırlar.

Konuşma Dilinden Kaynaklanan Kavram Yanılgıları:

Bir kelimenin bilimsel kullanımı ile günlük hayattaki kullanımının farklı olması durumunda ortaya çıkar. Örneğin "iş" kelimesi günlük hayatta çalışma hayatını ifade ederken fizikte "iş, bir cisme etkiyen kuvvet ile kuvvet sonucu cismin aldığı yolun çarpımı olan büyüklük" anlamında kullanılmaktadır. Günlük hayatta durmakta olan bir otomobili hareket ettirmek için kuvvet uygulayan ve yorulan bir kişi "iş yapmaktan yoruldum" diyebilir, ancak otomobili hareket ettiremediği sürece fiziksel anlamda iş yapmış olmaz. Bu iki farklı kullanım öğrencilerde iş kavramının anlaşılmasında engel oluşturabilmektedir. Yine (+) ve (-) simgeleri ile temsil edilen "pozitif" ve "negatif" yükler ile zamanla bu simgelerin matematikteki karşılıkları olan "artı" ve "eksi" kelimeleri arasında bir paralellik kurulmuş ve birçok ders kitabında "pozitif yük" yerine "artı yük" ve "negatif yük" yerine "eksi yük" ibaresi yanlış olarak kullanılmaya başlanmıştır.

Doğal Olaylara Dayalı Kavram Yanılgıları:

Genellikle erken yaşlarda öğrenilir ve yetişkin yaşlara kadar kavram yanılgısı olarak zihinde kalır. Örneğin "Aynı yere iki kez yıldırım düşmez" görüşü hiçbir bilimsel gerçeğe dayanmasa da halk arasında çok yaygındır.

2.1.1.1. Kavram yanılgılarının sebepleri

Kavram yanılgılarının nedenleri iki şekilde sınıflandırılabilir: Birincisi ders kitapları, öğretmen faktörü ve öğrencilerin daha önceki bilgilerinin bilinmemesi, ikincisi ise; ders sırasında öğrencilerde gerekli kavramsal değişimin yapılanamamasıdır. Dolayısıyla kavram yanılgılarının giderilmesi için, öğrencilerin okuldaki eğitimleri boyunca kavramları anlamlı öğrenmeleri ve gerekli ise kavramsal değişimlerinin ders sırasında yapılması gerekmektedir. Anlamlı öğrenmede ise temel unsur; öğrencilerin eski öğrendikleri bilgileri yeni öğrendikleri bilgilerle birleştirmesidir. Bu yaklaşım"kuramcılık" teorisinin temelini oluşturmaktadır. Bu teoriye göre öğrenciler, aktif olarak öğrenme sürecinin içinde olmalıdır ve kendi kendine bilgiyi kurmayı öğrenmelidir; fakat öğrencilerden daha önceki bilgilerinde kavram yanılgıları varsa öğrenciler yeni bilgileri eski bilgiler ile birleştiremeyeceklerdir (Yılmaz ve Ark., 1999).

Kavram yanılgılarının sebeplerinden biri de öğretmenlerin kuralların ezberlenmesinin öğretimine çok fazla önem vermekle birlikte öğrencilerin kendi problem çözme stratejilerini geliştirmelerini sağlamak için onları teşvik etmemektedirler. Öğrencilerin kendiliğinden yaptıkları problem çözümleri çok az kabul görmekte veya bunlarla çok fazla ilgilenilmemektedir. Sonuç olarak, üçgenler ve geometrik cisimler konusu dersin başında tanımı verilip geçilecek bir kavram olarak görülmektedir. Bu çeşit öğretimler öğrencilerin üçgenler ve geometrik cisimler konusunu anlamalarını sağlayacak yöntemleri geliştirmelerini zorlaştırmaktadır.

İlgili konu hakkında gerçekleştirilen bazı araştırmalarda; kavram yanılgılarının oluşmasındaki temel sebepler aşağıda belirtildiği gibi ifade edilmiştir (Ayas ve Demirbaş, 1997).

• Öğrencilerin daha önce edindikleri kavramların yanlış veya eksik algılanması, günlük dilde kullanılan bazı kavramların bilimsel dilde faklı işlevlerinin olması, konular ve kavramların öğretilmesinde uygun eğitim ortamlarının oluşturulmaması, kavramların birbiriyle bağlantısının kurulmaması ve günlük olaylarla ilişkilendirilmemesi, öğrencilerdeki yanlış anlamaların belirlenmemesi ve bu alanda yeterli seviyede çalışmaların yürütülmemesi.

• Öğrenciler derse, çoğunluğu doğal olaylara dayalı olmak üzere, çok sayıda ve çeşitli kavram yanılgısına sahip olarak gelirler. Öğrenciler bu kavramları karşılaştıkları olayları bilimsel yaklaşımdan farklı bir tarzda açıklamakta kullanırlar. Öğrenciler kendi aralarında herhangi bir doğal olay hakkında çok sayıda farklı görüşe de sahip olabilirler.

• Kavram yanılgıları yaş, yetenek, cinsiyet ve kültürel geçmişten bağımsızmış gibi görünmektedir. Bunlar inatçı bir şekilde öğrencilerin zihninde kalır ve genellikle de geleneksel öğretim yolu ile değiştirilemez. Öğrencilerin sahip oldukları kavram yanılgıları, çoğu kez, eski bilim adamlarının ve filozofların kavramları ile paralellik gösterir.

• Kavramsal değişim sağlamak üzere tasarlanan öğretim stratejileri uygulandığında üç temel sonuç ortaya çıkmıştır:

i.) Bilimsel çevrelerin görüşü ile uyuşan kavramların oluşumunu kolaylaştırmada başarı sağlanmaktadır.

ii.) Ancak, öğretim süresince gelişen farklı olaylar her zaman beklenen bilişsel değişimleri sağlayamamaktadır ve son olarak,

iii.) öğrenciler testteki sorulara doğru cevap vermiş olsa dahi çoğu kez sahip oldukları kavram yanılgılarını sürdürmektedirler.

• Bilimsel kavramlar anlatılırken, çoğu kez, öğrencilerin bunları hemen anladıkları düşünülür. Ancak, öğretim süresince öğrencilerin kavram yanılgıları sunulan bilimsel kavramlarla, tahmin edilemeyecek kadar büyük ölçüde etkileşerek istenmeyen olumsuz sonuçlar doğurabilir.

2.1.1.2. Kavram yanılgılarını tespit etme

Kavram yanılgıları, öğrenciler için diğer açıklayıcı bilgilerden fazla farklılık göstermezler, aynı şekilde düzenlenirler, yeni bilgilerin genelinde yer alırlar ve sonuç olarak kavram yanılgılarını ortadan kaldırmak zordur. Çünkü yanlış kavramlar öğrencilerin kendi gözlemleri sonucu, uzun bir süreçte geliştirildikleri için bu kavramlar onlara daha yakın ve değerlidirler. Kavram yanılgılarının giderilememesi durumunda, öğrenme süreci ciddi bir şekilde engellenebilmektedir.

Öğrencilere kazandırılacak matematik kavramlarının anlamlı ve kalıcı olması için, öğrencilerin yeni öğrendikleri ile sahip oldukları kavramlar arasında tutarsızlık olmamalıdır. Bu ise, öğrencilerin mevcut kavramlarını ortaya çıkarmakla ve bu kavramların doğruluğunun tespiti ile doğrudan bağlantılıdır. Hayatın her safhasında gerekli olan matematik kültürünün, öğrencilere sağlıklı bir şekilde aşılanabilmesi, matematik derslerinde sağlanacak kavram öğretiminin etkinliği ile doğru orantılıdır. Bu nedenledir ki, öğrencilerin formal matematik derslerine katılmadan önceki bilgi birikimleri ve olguları algılama şekilleri son derece önemlidir.

2.1.1.3. Kavram yanılgılarını gidermenin yolları

Eğitim-öğretim alanında yapılan çalışmaların önemli bir bölümü, öğrencilerin kavram yanılgılarını ve bilgi eksikliğini belirlemek, bunları giderme yolları ile ilgili çalışmalar yapmaktır. Matematik birikimli bir bilim dalı olması nedeniyle; bir önceki bilgiler ve kavramlar, bir sonrakiler için bir basamak oluşturduğundan; öğrencilere matematik kavram bilgilerinin tam olarak verilmesi, kavram yanılgılarının ve bilgi eksikliğinin belirlenmesi, bu yanılgı ve eksikliklerinin giderilmesinin çözüm yolları aranmalıdır. Bir sistemin, teorinin ya da modelin kurulmasında kullanılan kavramların iyi tanımlanmış olması gerekir. Yani, bunların adları olan terimlerin ve ifadelerin herkes tarafından aynı şekilde anlaşılacak biçimde, hiçbiri açıkta bırakılmadan ve bir karışıklığa meydan verilmeden açıklanması gerekir. Ancak matematikte öyle terimler vardır ki, bunların önceden tanımlanmış terimlere dayandırılarak tanımlanması mümkün olmaz. Bu terimler tanımlanmadan alınır ve diğer terimler bunlar yardımıyla tanımlanır. Örneğin, " Bir düzlemde, en az üçü doğrusal olmayan noktaları birleştiren doğru parçalarının oluşturduğu kapalı düzlemsel şekillere çokgen denir." Bu tanımda nokta ve doğru kavramları kullanılmaktadır. Oysa nokta ve doğru kavramları matematikte tanımsız kavramlar olarak bilinir. Bu kavramlardan biri ya da ikisi tanımlanabilmiş olsa bile, tanımlamaya devam edildiğinde, tanımlanamayacak bir kavrama ulaşılabileceği, sezgisel olarak veya akıl yürütme yoluyla bulunabilir (Küçük ve Demir, 2009).

Öğretmenler öğrencilerin derse karşı olan motivasyonlarını artırmalı, bilginin kalıcı ve etkin olarak öğrenilmesini engelleyen kavram yanılgılarının oluşmamasına özen göstermelidirler. Çünkü matematikteki bir önceki kavram ve bilgiler, bir sonrakiler için temel oluşturmaktadır. Öğrencilerde oluşan kavram yanılgılarıyla başa çıkabilmenin yolu ise kavram yanılgılarının farkında olmaktır. Bunun için öğretmenler öğrencilere konuyla ilgili test uygulayabilir ya da açık uçlu sorular sorarak öğrencilerin konuyla ilgili kavram yanılgılarını öğrenebilirler. Kavram yanılgıları belirlendikten sonra, bu yanılgıların ortadan kalkması için öğrencilerin daha aktif olduğu öğretim yöntemlerini uygulayabilirler. Yapılan bu çalışmalar sayesinde eğitimin kalitesi artmakta ve daha nitelikli bireyler yetişmektedir (Özbellek, 2003).

Posner ve arkadaşlarına göre bilgilerin zihinde var olan bilgilerle ilişkilendirilerek öğrenildiği bilindiğine göre öğrenilenlerin yanlış kavramlar üzerine yapılandırılmaması için var olan kavram yanılgılılarının giderilmesi gerekir. Öğrencilerin kavram yanılgılarını değiştirilebilmesi için dört koşul öne sürülmüştür:

a) Var olan bilgilerin problemi çözmek için yetersiz olması,

b) Yeni kavramların anlaşılır olması,

c) Yeni kavramın problemi çözmek için kullanılabilir olması,

d) Yeni kavramın karşılaşılabilecek problemleri çözmek için kullanılabilir olması (Alkan, 2009).

Aydoğan ve arkadaşları (2003) tarafından bildirildiğine göre Rowell ve arkadaşları kavram yanılgılarıyla ilgili şunları belirtmişlerdir: Kavram yanılgılarının sebeplerini saptamak ve yanılgıları gidermeye çalışmak, kavram yanılgılarını belirlemekten daha zaman alıcı ve zor bir süreçtir. Özellikle, öğrencilerin yanılgıların üstesinden gelmelerini sağlamak oldukça güçtür. Çünkü kavram yanılgıları öğrencilerin edindiği bilgi ve deneyimlerini özümsemelerinin bir sonucu olarak öğrenciler tarafından bizzat geliştirildiklerinden öğrenciler kendilerine yakın ve anlamlı gelen yanlış kavramlarından vazgeçmekte gönülsüz davranırlar. Bu nedenle, kavram yanılgılarının üstesinden gelmek için, öğrencilerin var olan sınırlı, yanlış bilgilerine zıt ve daha iyi açıklamalar içeren yeni bilgiler inşa edilmelidir. Bu açıklama şuna işaret etmektedir: Bilimin gelişmesinde eski teorilerin bırakılması için yeni ve daha iyi teoriler sunulmalıdır. Bu durumda öğrenciler çevreleri ve kendileri ile mantıklı tartışmalara girerler ve hangi teorinin muhafaza edileceğine karar verirler.

2.1.1.4. Geometrideki kavram yanılgılarıyla ilgili yapılmış olan yurtiçi araştırmaları

Yapılan araştırmalar sırasında ülkemizde geometri konularıyla ilgili yapılmış çok sayıda kavram yanılgısı çalışmasına rastlanmıştır. Fakat ilköğretim 2. kademe öğrencilerinin üçgenler ve geometrik cisimler konusu ile ilgili sahip oldukları kavram yanılgılarının tespitine dair yapılmış olan bir çalışmaya rastlanmamıştır. Geometri konusunda ülkemizde yapılmış olan kavram yanılgısı çalışmalarını aşağıdaki gibidir.

Ubuz (1999) tarafından yapılan "10 ve 11. Sınıf Öğrencilerinin Geometride Kavram Yanılgıları ve Cinsiyet Farklılıkları" adlı araştırma 10. ve 11. sınıfta okuyan toplam 67 öğrenci üzerinde açık uçlu sorularla yapılmıştır. Yapılan araştırma neticesinde kız öğrencilerin erkek öğrencilere kıyasla daha başarılı ve öğrenim düzeyiyle orantılı olarak başarı düzeyinde artış bulunmuştur. Araştırmacı yapılan hataların nedenlerini ise; sorularda verilmeyen birçok bilgiyi şekle bakarak verilmiş kabul etmek, verilen bilgilerden çok şekle yoğunlaşmak, benzer şekillerin aynı özelliklere sahip olduğunu düşünmek, dış ve iç açıları ve onların özelliklerini bilmemek, verilen şekli daha önce bildiği bir şekle benzetmek ve verilen bilgilere önem vermemek olarak tespit etmiştir.

Güngörmüş (2002), doğru, ışın, doğru parçası ve çember konularında ortaöğretim öğrencileriyle yaptığı araştırmada öğrencilerin üçgen ve çemberin tanımlarını ve üçgen ile çemberin özelliklerini hatırlamada sıkıntı yaşadıklarını, ışın ve doğru kavramlarını önceki sınıflarda öğrendikleri bilgilerle bütünleştiremediklerini, çemberin tanımını yapamadıkları, üçgenlerle ilgili kuralları ve ikizkenar üçgenin özelliklerini bilmelerine rağmen bunu soru çözerken göz önünde bulundurmadıkları sonucuna ulaşmıştır.

Özbellek (2003) lisansüstü çalışmasında ilköğretim 6. ve 7. sınıf öğrencilerinin açı konusundaki kavram yanılgıları ve eksikliklerin giderilmesi üzerinde araştırma yapmıştır. Yaptığı bu araştırma sonucu elde ettiği kavram yanılgıları şunlardır:

1. Sözel olarak yazılmış açı tanımını matematiksel olarak yorumlayamama,
2. Açının düzlemi kaç bölgeye ayırdığı bilinmemesine rağmen iç ve dış bölgelerdeki noktaları bulabilme nedeniyle bu kavramın tam anlaşılmadan geçilmesi,
3. Açı ve açısal bölge kavramlarının bilinmemesi,
4. Doğru açı ve tam açıyı çizememe,

5. Açı kenarı kavramının oluşmaması,
6. Komşu açıların ortak olan ve olmayan kenarlarını yazamama,
7. Bütünler açıların her zaman komşu olması gerektiği düşüncesi,
8. Ters, içters, dışters ve yöndeş açı kavramlarının şekillerde gösterilememesi.

Çetin ve Dane (2004) 2000- 2001 eğitim öğretim yılında Atatürk Üniversitesi Erzincan Eğitim Fakültesi İlköğretim Sınıf Öğretmenliği Anabilim Dalı Programı III. Sınıfında eğitim gören 95 sınıf öğretmeni adayına geometri konu ve kavramlarını içeren yedi sorudan oluşan açık uçlu sorular sorularak öğretmen adaylarının geometrik bilgi düzeyleri ortaya çıkarılmıştır. Yapılan bu çalışma neticesinde adayların açı, üçgen, çember, çap ve yamuk konularıyla ilgili çeşitli sebeplerden dolayı meydana gelmiş kavram yanılgılarına sahip oldukları belirlenmiştir. Örneklemdeki sınıf öğretmeni adaylarının birbiriyle ilişkili olarak tanımlanan geometrik kavramları birbirleriyle ilişkileri yokmuş gibi tanımladıkları saptanmıştır. Araştırmacılar bu durumun önüne geçmek için her konu anlatımından önce veya konu anlatımı sırasında geçen geometrik kavramları, sembolleri açıklayacak ve daha önce öğrendikleri üzerine inşa edebilecek bir matematiksel düşünce tarzı kazandırmak için amacına uygun çalışma yapraklarından yararlanabileceğini ileri sürmüşlerdir.

Özsoy ve Kemankaşlı (2004), "Ortaöğretim öğrencilerinin çember konusundaki temel hataları ve kavram yanılgıları" adlı araştırmalarını, 2003- 2004 öğretim yılında Balıkesir Muharrem Hasbi Lisesi'nde okuyan 11. sınıflardan 3 şube olmak üzere toplam 70 öğrenci üzerinde uygulamışlardır. Araştırma sonucuna göre öğrencilerin çember konusundaki hata ve kavram yanılgılarının nedenleri şöyle özetlenebilir: Öğrenciler, sorularda çemberdeki iç, dış, merkez ve çevre açı kavramları arasında bağlantı kuramamakta, sorulardaki çember içindeki üçgensel ve dörtgensel bölgelerdeki açı kavramlarında bazı özellikleri uygulamakta zorlanmakta ve sorulardaki verileri iyi analiz edememektedirler. Ayrıca Öğrencilerin, geometrik düşünme yeteneklerinin geliştirilmesi için, öncelikle kavramlar arasındaki bağıntıların ayrıntılı açıklanmasının gerekliliği ile iyi planlanmış etkinlikler, uygun araçlar ve öğretmen desteğiyle öğrencilerin, geometriyle ilgili kuralları keşfedebileceği ve geometrik düşünme tarzını öğrenerek kavram yanılgılarını giderebilecekleri vurgulanmıştır.

Caymaz ise (2006) “Üçgensel Bölgelerin Alanları” konusundaki çalışmasında öğrencilerin üçgenin içinde verilen herhangi bir noktayı ağırlık merkezi gibi düşündüğünü, tabana ait yükseklik kavramını bilmediklerini, üçgenin herhangi bir köşesinden çıkan ve üçgenin içinde kalan doğru parçasını açıortay gibi düşündüğünü, verilen sorudaki üçgeni belirtilmediği halde çözüme daha kolay varmak için eşkenar üçgen kabul ederek soruyu çözdüklerini, üçgendeki kenar ile alan bağıntılarının hatalı ve eksik bilindiğini saptamıştır.

Şengül ve Dereli (2006) tarafından yapılan “Geometrinin temel kavramları hakkında ilköğretim 6. sınıf öğrencilerinin kavram görüntüleri” adlı çalışmada ilköğretim 6.sınıf öğrencilerinin geometrinin temel kavramları olan nokta, ışın, doğru parçası ve doğru konularında kavram görüntülerinin tespit edilerek bu temel kavramlarda var olabilecek kavram yanılgılarının belirlenmesi amaçlanmıştır. Araştırma, İstanbul Anadolu yakasındaki bir ilköğretim okulu ile Bolu ilçesindeki iki ilköğretim okulunun 6.sınıfında okuyan toplam 111 öğrenci üzerinde yapılmıştır. Araştırma sonucuna göre öğrencilerin geometrinin temel kavramlarını anlamlandırmada zorlandıkları, temel kavramları birbiriyle karıştırdıkları, farklı disiplin alanlarıyla bütünleştirme sebebiyle öğrencilerin bilgilerini yanlış yapılandırdıkları ortaya çıkarılmıştır. Ayrıca öğrencilerin genelde kavramı ifade etmekten çok kavramın nasıl çizileceğini yani şeklini bildikleri belirlenmiştir. Öğrencilerin zihinlerinde, geometrideki temel kavramları oturtamadıkları, birbirleriyle karıştırdıkları, cümleyle ifade etmekten daha çok örnek vererek açıklamayı tercih ettikleri sonuçlarına ulaşılmıştır.

Akuysal (2007) “İlköğretim 7. Sınıf Öğrencilerinin 7. Sınıf Ünitelerindeki Geometrik Kavramlardaki Yanılgıları” adlı çalışmasında öğrencilerin geometrik kavramların bazılarını tanıdıkları halde ifade edemediklerini, buldukları sonucun nedenini açıklayamadıklarını ve sebep-sonuç ilişkisi kuramadıklarını, büyüklük kelimesi ile ne kastedilmek istendiğini anlayamadıklarını, geometrik şekillerle ilgili sadece çevre ve alan formülleri ile hesaplamalar yapmaya çalıştıklarını saptamıştır. Ayrıca kavramlarla ilgili olarak işleme dayalı sorulara ağırlık verildiği görülmektedir. Sınıfta; kavramların öğretimine önem verilmediği; sadece formüle dayalı bir işlem pratiği kazandırılmak istendiği belirtilmiştir. Yani, anlamlı öğrenme oluşmadığını ve bu nedenle öğrencilerin, formüle dayalı işlemleri de doğru yapamadıkları görülmüştür.

Aydoğdu (2007) "İlköğretim 6. sınıf matematik dersi geometri öğrenme alanının değerlendirilmesine ilişkin öğretmen görüşleri" konulu araştırmasını 2006-2007 eğitim öğretim yılında Kütahya ili merkez devlet okullarında okuyan 6.sınıf öğrencilerine uygulamıştır. Araştırma sonuçlarına göre, uygulamaya konulan yeni programın genel olarak faydalı olmasına rağmen bir takım aksaklıklarının mevcut olduğunu, programda yer alan geometri alt öğrenme alanlarına ait kazanımlar ve ilgili etkinlikler ile sınıf içinde işlenişler incelendiğinde sınıf mevcutlarının kalabalık olmamasına öncelikle dikkat edilmesi gerektiği ve sınıf düzeyinin altında ve üstünde çıkan etkinliklerin yeniden düzenlenmesine ihtiyaç olduğu sonucuna varılmıştır. Ayrıca öğrencilerin günlük hayatla bağlantı kurabilmeleri ve yaratıcı düşüncelerini geliştirmeleri için kazanımlar ve ilgili etkinlikler yeniden bir kez daha gözden geçirilmesinin gerektiği, etkinliklerin içeriği, tüm öğrenci seviyelerine uygun hale getirilmesi ve etkinliklerin ders süresine göre ayarlanması gerektiği vurgulanmıştır. Alt öğrenme alanlarının parça parça verilmesi yerine bir bütün halinde verilmesi, böylece gereksiz tekrarlardan kaçınılmasının önemli olduğundan söz edilmiştir.

Öğretmen adaylarının analitik geometri dersindeki kavram yanılgılarını belirlemek, nedenlerini ortaya koymak ve çözüm yolları geliştirmek amacıyla Özerdem (2007) tarafından "Lisans düzeyinde analitik geometri dersindeki kavram yanılgılarının belirlenmesi ve giderilmesine yönelik bir araştırma" adında bir çalışma yapılmıştır. Araştırmanın örneklemi, 2006–2007 öğretim yılı Analitik Geometri I dersi alan 78 matematik öğretmen adayından oluşmaktadır. Araştırmada elde edilen verilerden, öğretmen adaylarının analitik geometri dersiyle ilgili çeşitli kavram yanılgılarına sahip oldukları belirlenmiştir. Farklı türdeki okullardan mezun olan öğretmen adaylarının başarıları dikkate alındığında, okul türleri arasında istatistiksel olarak anlamlı farklılık belirlenmiştir. Buna karşın, cinsiyetler arasındaki başarının karşılaştırılmasında, annelerinin ve babalarının eğitim düzeyi ile başarılarının kıyaslanmasında, üniversite tercih sırası ile başarılarının kıyaslanmasında istatistiksel olarak anlamlı bir fark bulunamamıştır. Araştırmada sonucuna göre öğrencilerin, analitik geometri ile ilgili bazı temel konularda kavram kargaşası yaşadıkları ve dolayısı ile zihinlerinde yanlış kavramlar oluşturdukları tespit edilmiştir. Ayrıca onların, bu tür yanlış kavramları bulundurmalarına neden olarak, gerek kendi günlük yaşantılarında edindikleri tecrübeler, gerekse lisede almış oldukları formal eğitimi farklı ve eksik algılamış olabilecekleri gösterilebilir.

Kiriş (2008) "İlköğretim 6. Sınıf Öğrencilerinin 'Nokta, Doğru, Doğru Parçası, Işın ve Düzlem' Konularında Sahip Oldukları Kavram Yanılgıları ve Bu Yanılgı Nedenlerinin Belirlenmesi" adlı araştırmasını Aydın ilindeki 8 ilköğretim okulunda yapmış ve genel olarak aşağıdaki kavram yanılgılarını tespit etmiştir.

1. Geometrik kavramları günlük hayatla ilişkilendirmeye yönelik kavram yanılgıları,
2. Bilinen temel geometrik kavramların özelliklerini işlemsel sorularda kullanmaya yönelik kavram yanılgıları,
3. Geometrik kavramlar arasında ilişki kurmaya yönelik kavram yanılgıları olarak saptanmıştır.

Ayrıca bu araştırmanın sonucu TIMSS 1999 Üçüncü Uluslararası Matematik ve Fen Bilgisi Çalışması Ulusal Raporu ile PISA 2003 Projesi Ulusal Nihai Raporu'nun sonuçlarıyla karşılaştırılmıştır. Sonuç olarak hem bu raporlarda hem de yapılan bu araştırmada öğrencilerin geometri konularında oldukça fazla kavram yanılgılarına sahip oldukları ve "Nokta, Doğru, Doğru Parçası ve Düzlem" konularında yeterli olmadıkları belirlenmiştir.

"İlköğretim 8. sınıf öğrencilerinin çember ve daire konularına yönelik matematiksel becerilerinin değerlendirilmesi" adlı çalışma, Erol (2008) tarafından 2007- 2008 eğitim-öğretim yılının birinci döneminde Ankara ili, Keçiören, Sincan ve Yenimahalle ilçelerine bağlı 3 resmi ve 1 özel ilköğretim okulunda uygulamıştır. Araştırmada öğrencilerin çember ve daire konusuna ilişkin bilgilerini ölçmek amacıyla çoktan seçmeli "Bilgi Testi", problem çözme becerilerini ölçmek amacıyla iki farklı sınırlandırılmış cevaplı "Performans Görevi" geliştirilmiştir. Bu ölçme araçları 8. sınıfta öğrenim görmekte olan toplam 196 öğrenciye uygulanarak veriler elde edilmiştir. Analiz sonuçları birinci performans görevinde kızların erkeklere göre daha başarılı olduğunu ve özel okulda öğrenim gören öğrencilerin her iki ölçme aracına göre de resmi okullarda öğrenim gören öğrencilerden daha başarılı olduklarını göstermiştir. Genel olarak sonuçlar incelendiğinde, bilgi testinde de performans görevlerinde de öğrencilerin çember ve daire konularında işlemsel becerilerden çok görsel ve kavramsal becerilerinin daha iyi olduğu belirlenmiştir. Öğrencilerin görselliğe dayanan ve çizim yaparak problem çözmeye daha yatkın oldukları ve dolayısıyla daha başarılı oldukları sonucuna varılmıştır.

"İlköğretim öğrencilerinin geometrideki kavram yanılgıları" adlı çalışma Yenilmez ve Yaşa (2008) tarafından Bursa'nın İnegöl ilçesindeki Ticaret ve Sanayi Odası İlköğretim Okulu'nda bulunan toplam 103 altıncı sınıf öğrencisine uygulanmıştır. Bu araştırmanın amacı, ilköğretim 6. sınıf öğrencilerinin "doğru, doğru parçası, ışın" konularındaki kavram yanılgılarını tespit etmek ve bu yanılgıların cinsiyet, matematik karne notu, geometri ilgi düzeyi, bir ayda okunan kitap sayısı, farklı kaynaklardan yararlanma durumu ve Türkçe karne notu değişkenleri açısından farklılaşıp farklılaşmadığını belirlemektir. Araştırmanın sonuçlarına göre; matematik karne notu, geometri ilgi düzeyi, farklı kaynaklardan yararlanma durumu ve Türkçe karne notunu grupları arasında kavram yanılgılarının oluşmasına ilişkin farklılıklar olduğu ortaya çıkarken; cinsiyet ve bir ayda okunan kitap sayısı durumları arasında kavram yanılgılarının oluşması ile ilgili olarak farklılık bulunmadığı belirlenmiştir. Ayrıca kaygı ölçeğine göre de; matematik kaygısı yüksek olan öğrencilerin kavram yanılgılarına daha sık düştükleri, kaygı düzeyi düşük olan öğrencilerin ise kavram yanılgılarına daha az düştükleri tespit edilmiştir. Son olarak öğrencilerin sahip oldukları kavram yanılgılarını kabul etmekte ve değiştirmekte oldukça zorlandıkları, çoğu kez de açığa vurmadıkları ve şiddetle doğruluğunu savunabildikleri tespit edilmiştir. Önemli olanın onlara hatalarını kendilerinin fark etmelerini sağlayacak ortamlar yaratmak olduğu ve bu ortamın da çoğu kez bir konunun sınıf ortamında değişik boyutlarıyla tartışılması ve öğrencilerin bu kavramları kendi cümleleriyle ifade ederek yanlışlarını kendilerinin tespit etmesi şeklinde olabileceği vurgulanmıştır.

Güntekin (2010), "Trigonometri konusunda öğrencilerin sahip olduğu öğrenme güçlüklerinin ve kavram yanılgılarının tespit edilmesi" adlı araştırmasını 2006 yılının haziran ayında Erzurum il merkezinde bulunan 205 tane 10. sınıf öğrencisini örneklem alarak uygulamıştır. Araştırma sonuçlarına göre, geometrik şekil üzerinde yorum yapmada ve üçgende trigonometrik bağıntıları uygulamada öğrenme güçlüğü söz konusudur. Öğrenciler; üçgenin alanı, çevrel çemberin yarıçapı ve iç teğet çemberin yarıçapı ile ilgili bağıntıları karıştırmaktadırlar. Ayrıca trigonometrik fonksiyonların, analitik düzlemde, birim çember yardımıyla değerlerinin hesaplanmasında ve birim çemberde trigonometrik fonksiyonların eşleneceği eksenleri tanımada güçlük çekildiği tespit edilmiştir. Bunların üstesinden gelebilmek için ise geometrik şekiller üzerinde, trigonometri problemlerinin uygulaması ile ilgili alıştırmalar yapılmalı ve bu uygulamalara yönelik kolay çözülebilir, ödevler verilmesi gerektiği vurgulanmıştır.

2.1.1.5. Geometrideki kavram yanılgılarıyla ilgili yapılmış olan yurtdışı araştırmaları

Luchins'lerin (1983) "Students' Misconceptions in Geometric Problem Solving"adlı çalışmasında; iki ya da üç boyutlu geometrik problemler, 300'ü aşkın lise ve yüksekokul öğrencisine verilmiş ve bazı öğrencilerin, problem çözmek için gerekli matematiksel bilgileri ya da yetenekleri ile ilgili yanlış varsayımlarda bulundukları tespit edilmiştir. Nesnenin yapısına uymayan geometrik nesnenin tanımının, yapısına uyan tanımından daha çok kavram yanılgıları oluşturduğunu ifade etmişlerdir.

Mason (1989), ilköğretim 8. ve 4. sınıf arasındaki üstün zekalı öğrencilerden logo kullanarak benzer şekilleri özelliklerine göre sınıflandırmalarını ve şekillerin kritik özelliklerini göz önüne alarak aile ağaçlarını çıkarmalarını istemiştir. Bu çalışmalar sırasında öğrencilerde ortaya çıkan kavram yanılgıları şunlardır:

1. Öğrenciler açı ve üçgen için yeterli bir tanımlama yapamayarak açının şekil olarak üçgen ya da karenin içinde gizli olduğunu söylemişlerdir.
2. Aksiyom ile tanımlarda hatalar yapılmakta ve bilinen özelliklerden yararlanarak sonuçlar çıkarmada yetersiz kalınmaktadır.
3. Öğrencilerin çoğu ikizkenar üçgenlerin benzer üçgenlerden oluştuğunu söylemişlerdir.
4. Şekillerin benzerlik ve farklılıklarına bakarak onları tanımlama eğilimi göstermişler ve birçok şekilde kritik özellikleri göz ardı etmişlerdir.
5. Sembolleri okurken yazıların yanındaki ya da üzerindeki işaretleri atlayarak okumuşlardır.

Eric' in "Hispanic and Anglo Students' Misconceptions in Mathematics" adlı çalışmasında; Hispanic ve Anglo öğrencilerin matematik dersinde karşılaştıkları kavram yanılgılarını incelemiştir. Sonuçta, öğrencilerin; problemi düşünmeden, soldan sağa doğru çevirerek yapmaya çalıştıkları, probleme uygun denklem kurarken değişkenleri karıştırdıkları, dil ve kültür farkından dolayı problem cümlesini anlamakta zorlandıkları için kavram yanılgılarının olduğunu belirtmiştir (Eric, 1988).

Soon (1989) “An Investigation of Van Hiele-Like Levels of Learning in Transformation Geometry of Secondary School Students in Singapore” adlı araştırmasında, Singapur’daki 20 tane ortaokul 4. sınıf öğrencisinin, değişim geometrisinin öğrenimindeki Van Hiele seviyelerinin hiyerarşik araştırmasını yapmıştır. Sonuçlar, seviyelerin olası bir hiyerarşi oluşturduklarını göstermiştir. Cevapların analizleri, öğrencilerin; en az anlaşılan kavram olan “büyüme (büyütme)”ile ilgili kavram yanılgıları olduğunu, değişimlerle ilgili özelliklere dikkat etmeden önce yönerge açısından değişimler olduğunu fark ettiklerini, değişimi tanımlayıcı belirli kelime eksikleri olduğunu, değişim görüntüsü ile ilgili zorlukları bulunduğunu, sürekli olarak sonuç için öğretmenlere ve testlere başvurduklarını, belirli örnekler kullanarak kanıtlar oluşturduklarını belirtmiştir.

Pusey (2003), çalışmasında Van Hiele modelini inceleyerek, geometri öğretiminde uygulanışının öğrenciler üzerindeki sonuçlarını araştırmıştır. Araştırmada davranışlar tespit edilmiş, bu davranışların bazı öğretim teorileriyle Van Hiele teorilerini sentezleyerek program, işleniş ve etkinlikler açısından ilişkilendirilmesi üzerinde durulmuştur. Araştırmada Van Hiele modeli, dört farklı alanda toplanmıştır.

a) Öğrencilerin geometrik açıdan seviyelerine, en uygun öğretim yollarını belirlemek ve sonuçları değerlendirmek.

b) İşleniş öncesinde ve işleniş süresince öğretmenlerin seviyelerini değerlendirmek.

c) Van Hiele modelini öğrenci temelli öğretimde kullanmak.

2.1.2. Kavram haritası nedir ve nasıl oluşturulur?

Ausubel’in anlamlı öğrenme teorisine dayanan kavram haritaları, bilginin ifade edilmesi ve organize edilmesinde kullanılan grafiksel araçlardır (Bahar ve ark., 2006). Kavram haritaları eğitim literatürüne ilk defa 1980’ li yılların başında Cornell Üniversitesi’nden J. D. Novak tarafından bir öğretim stratejisi ve materyali olarak kazandırılmıştır. Bu strateji David Ausubel’ in anlamlı öğrenme teorisine dayalı olarak geliştirilmiştir. Ausubel, yeni kavramların öğrenilebilmesi için önceki kavramların önemine dikkat çekmektedir. Ausubel’ e göre öğrenciye öğretilecek bilgilerin sistematik olarak sunulması ve her yeni öğrenilen bilginin daha önce öğrenilen bilgilerle bütünleştirilmesi gerekir. Novak, Ausubel’ in anlamlı teorisinden çıkardığı "Anlamlı öğrenme bilişsel yapı içerisinde var olan açıklamalarla yeni bilgilerin özümsenmesini kapsar," temel açıklamasıyla kavram haritalarının oluşturulmasını sağlamıştır (Korkmaz, 2004).

Novak'ın belirttiğine göre, kavram haritalarında iki kavram arasındaki ilişki, üzerine ilişkiyi belirleyen ifadelerin yazıldığı oklarla gösterilir. İlişkiyi belirleyen bağlantı ifadeleri ile iki kavram tamamlanarak anlamlı bir cümle oluşturur (Kılıç ve Sağlam, 2004). Sözel anlatımın yanı sıra çizimler, şemalar ve grafiklerle bilginin aktarılması Rönesans'ta yaratıcılık patlamasına neden olmuştur. Galileo ve Leonardo da Vinci, bilgileri toplamak, formüle etmek ve anlamlandırmak amacıyla görsel şemaları kullanmışlardır (Kalaycı, 2005). Kavram haritaları, kavramlar arasındaki ilişkiyi bir bütün olarak gösterdiği için, anlamlı öğrenmeyi sağlamada bir araç olarak kullanılırlar. Bilgiyi sadece yazı ve sözle anlatmak, bir sürecin veya bilginin anlaşılması için yeterli değildir. Anlaşılmayı kolaylaştırmak için, bilginin görünür hale getirilmesi gerekir. Kavram haritaları, bilginin zihinde somut ve görsel olarak düzenlenmesini sağlar. Kavramlar arasındaki ilişkileri somutlaştırır ve dersin bütününü gösterir. Bu nedenle, kavram haritaları sunuş yoluyla öğretim stratejisinde etkili bir şekilde kullanılabilir. Sunuş yoluyla öğretim stratejisinin en önemli avantajı, anlamlı öğrenmeyi sağlamasıdır. Sunuş yoluyla öğretim stratejisi, öğrencilere bilme ve kavrama basamaklarında davranış kazandırır. Çünkü anlamak demek, bir konuyu kendi kelimeleriyle ifade etmek demektir.

Novak ve Gowin, kavram haritalarının öğrencilerin aktif katılımıyla yapılmasının daha etkili olduğunu savunmaktadır. Çünkü öğrenci, bu çeşit bir aktivite ile zihnindeki fikirlerle, çizdiği harita arasında bir ilişki kurmak zorundadır. Sonuç olarak kavramlar arasında ilişki kurularak yeni bilgiler inşa edilmektedir. Bu yönüyle kavram haritaları, yapılandırıcı yaklaşımın sonuçlarından biri olarak da ele alınabilir. Bilginin bir yapısı varsa, bu bilgi birtakım alt birimlere ayrılarak gösterilebilir. Konu, örgütlü alt birimlere, bunlar da yan ve ana düşüncelere ve sonuçta bilginin en küçük yapı taşı olan kavramlara bölünür (Kaşlı, 2002).

Kavram haritaları bir öğretim tekniği olarak;

1. Bir konunun öğretiminde: Kavram haritası çatısında en güç kavramlar bile açıklanabilir, sistematik bir düzen içerisinde verilebilir. Öğretim sürecinde kavram haritasını kullanan bir öğretmen, öğreteceği konuyla ilişkili kavramları ve bu kavramlar arasındaki ilişkileri görür ve öğreteceği konuların genel bir tablosunu

ortaya çıkarır. Bu yolla öğretilecek önemli bir kavram gözden kaçırılmamış ve unutulmamış olur.

2. Öğrenmeyi kolaylaştırmada: Kavram haritalarını kullanmak öğrencilerin konuyu daha kolay anlamalarına ve öğrenmelerine yardımcı olur. Çünkü kavram haritaları öğrenciler için anahtar kavramların gösterimini ve onlar arasındaki ilişkilerin özetinin çıkarılmasını olanaklı kılar.

3.Öğrenme sürecini kontrol etmek ve kavram yanılgılarını ortaya çıkarmada: Kavram haritaları öğretmenlerin öğretim süreçlerini değerlendirmede yardımcı olur. Öğrencilerin öğrenemedikleri, gözden kaçırdıkları ya da yanlış öğrendikleri kavramları belirleme olanağı verir.

4. Değerlendirmede: Öğrenci başarısı kavram haritalarıyla açıklanabilir ya da test edilebilir. (Korkmaz, 2004).

Toper (2002) kavram haritası oluştururken dikkat edilmesi gereken hususları ve kavram haritası oluşturma aşamalarını aşağıdaki gibi belirmiştir.

1. Öğretilecek konunun kavramları listelenir. Kavramlarla ilgili açıklama gerekmez. Eşya ve örneklerin tekil örnekleri ile özel adlar kavram olmadıkları için bu listeye alınmaz. İlkeler ve kavramlar arası ilişkiler de bu listeye dâhil edilmez.
2. Kavramlar listesinden en genel veya en üst düzeyde olan sözcük ayrı bir sayfanın başına yazılır. Bu bir kavram olabileceği gibi bir tema da olabilir. Bundan sonra öğretilmek istenen ilişkili kavramlar aşamalı bir düzende sayfaya yerleştirilir. Düşey düzenlemede en genel kavram en üstte, eşit genellikteki kavramlar aynı satırda, diğerleri genellik derecelerine göre azalan sırada sayfanın altına doğru sıralanır.
3. Kavramlar haritadaki diğer sözcüklerden kolayca ayırt edilebilmelidir. Bunun için kavramlar kutu veya yuvarlak içine alınmalıdır.
4. Öğretilmek istenen kavramlar arası ilişkiler genelleme ve ilkeler ayrıca listelenir.
5. Kavram haritasında iki kavram arasındaki ilişkiyi göstermek üzere iki kutu bir çizgi ile bağlanır. İlişki bu çizginin üzerine birkaç kelimelik bir ibare ile yazılır. Bu ilişki haritadaki kavramlardan en az birini ilgilendiren bir önermedir. İlişkiler ve ilkeler kutulanmaz. Bu hallerde ilişkinin yönü önemli olduğu için belirtilecek ilişki yönü ok ile gösterilir. İlişkileri içermeyen bir

kavram haritası daha ziyade bir akış diyagramına benzer, öğretimde yeterince etkili olmaz.

6. Kavram haritası gereğinden fazla şişirilmemelidir. Harita başlangıçta basit tutulmalıdır. Harita çok sayıda kavramı, ilişkiyi ve ilkeyi içeriyorsa önce en önemli elemanları topluca gösteren bir genel harita, sonra genel haritanın bölümlerini ayrı ayrı gösteren ayrıntılı haritalar yapılmalıdır.
7. Bu aşamalardan sonra kavram haritası tamamlanmış olur. Ancak bu süreç içinde dikkat edilmesi gereken bazı konular vardır. Tüm harita genelinde oradan oraya atlanmamalıdır, güçlü temeli olmayan başlıklar seçilmemelidir. Bu başlıklar seçilirken aranacak en güçlü sebep öğrencilerin daha önceden edindiği bilgilerin devamı niteliğinde olmasıdır. Dersin uygun aşamaları süresince önceden öğrenilmiş bilgilerle yeni kavramların ilişkilendirilmesi sağlanmalıdır

2.1.2.1. Örnek Kavram Haritaları

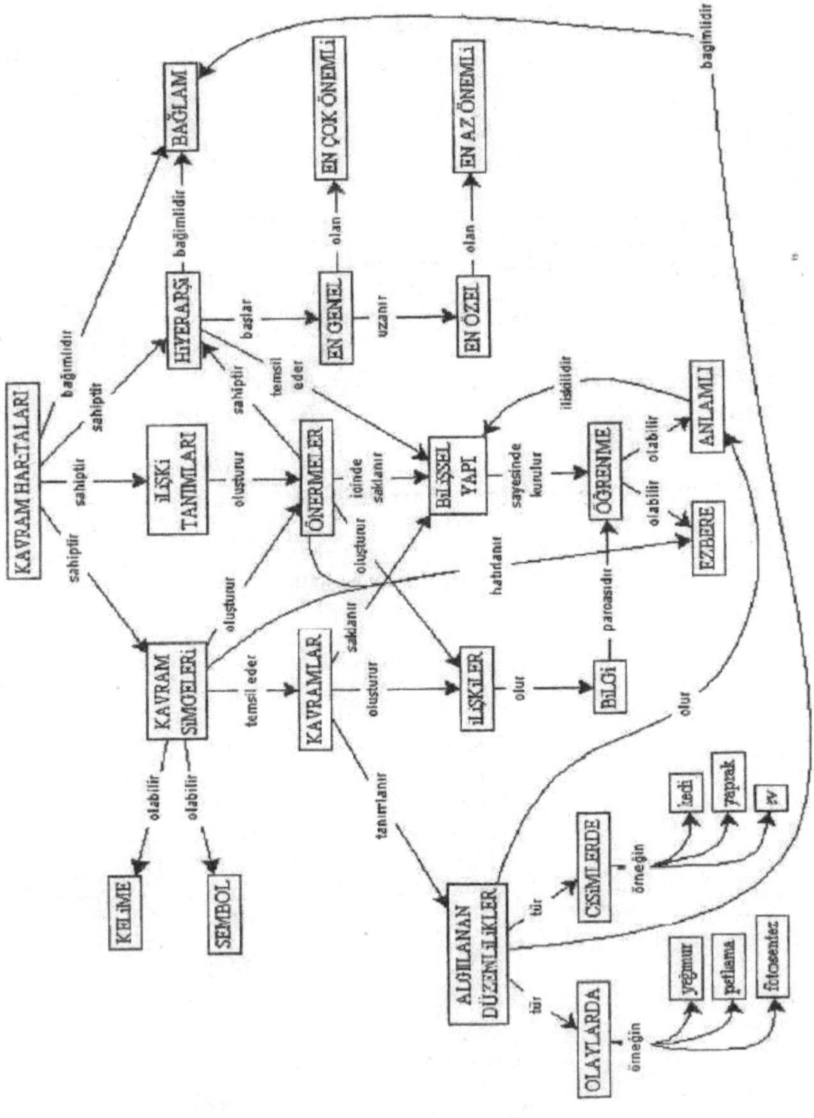

Şekil 2.1. Kavram haritası (Novak ve Gowin, 1984).

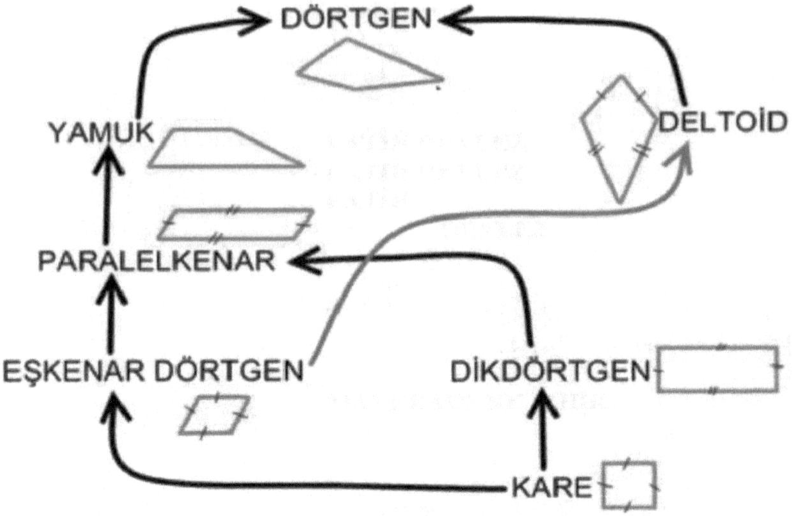

Şekil 2.2. Dörtgenler kavram haritası.

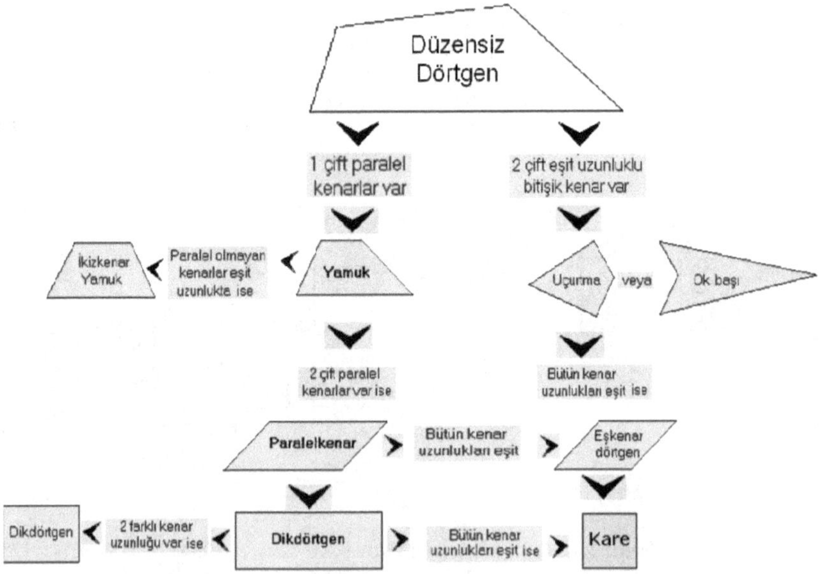

Şekil 2.3. Dörtgenler kavram haritası.

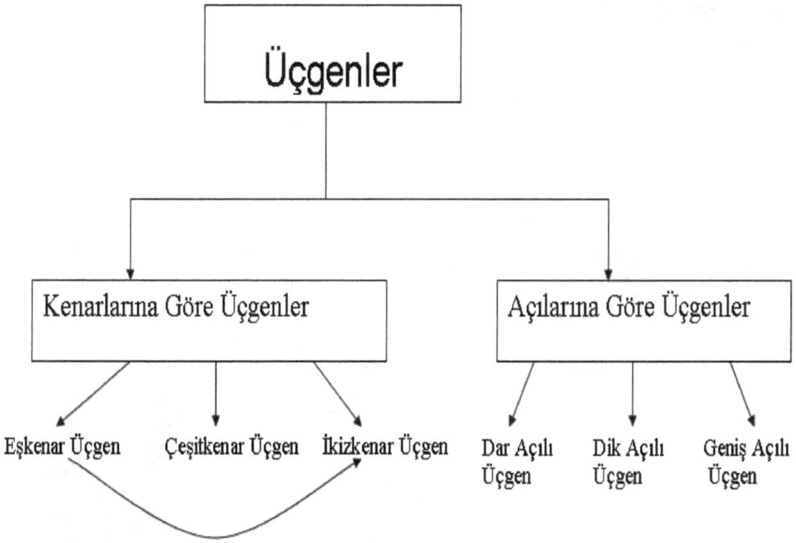

Şekil 2.4. Üçgenler kavram haritası.

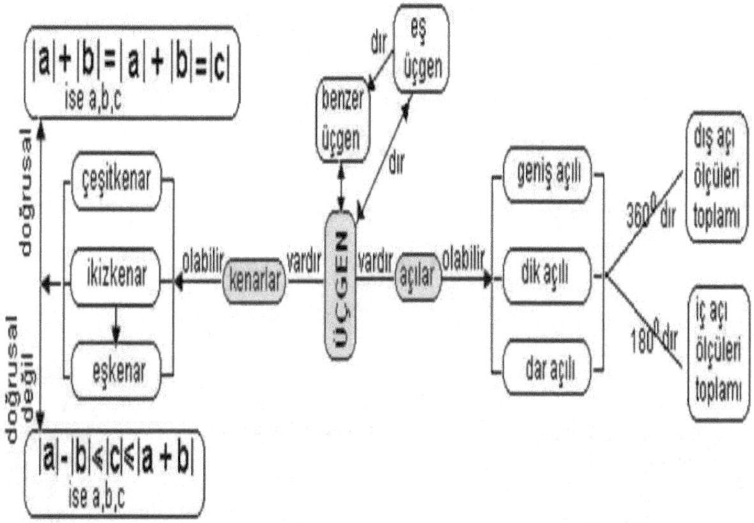

Şekil 2.5. Üçgenler kavram haritası (Ardahan ve Ersoy, 2002).

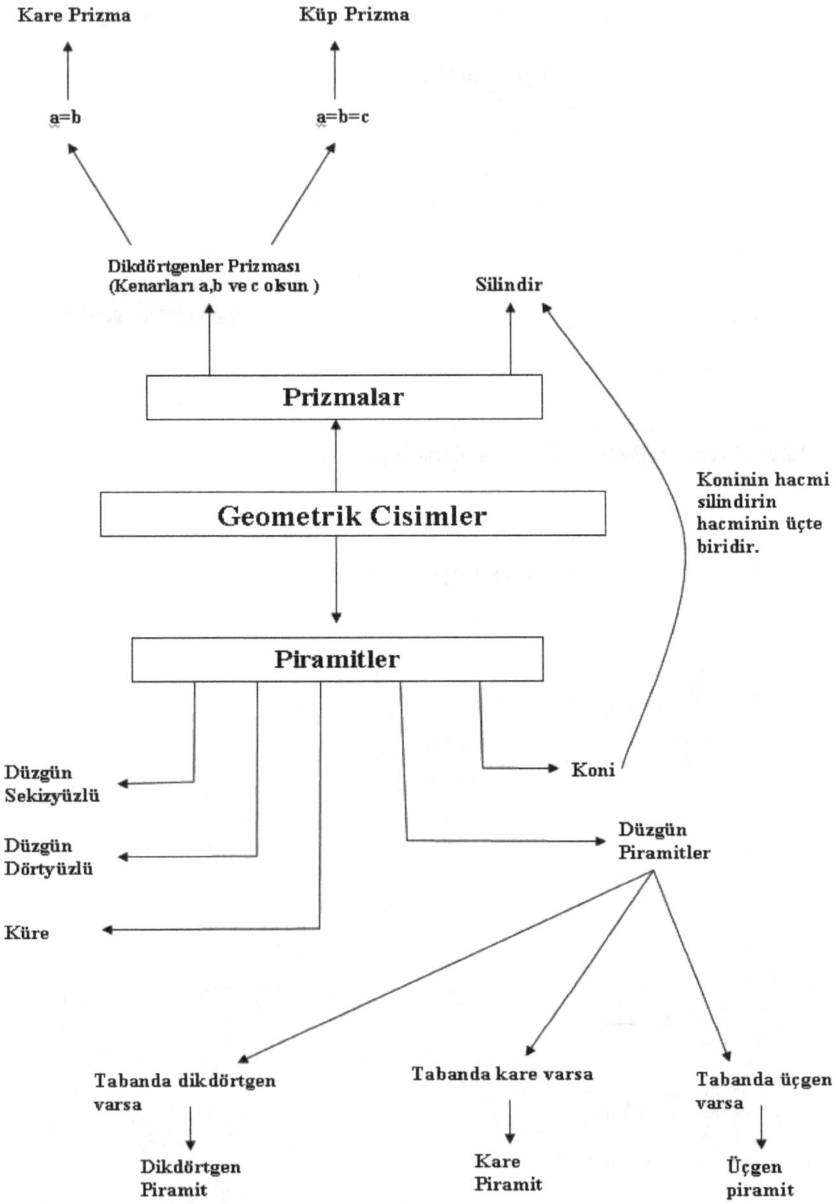

Şekil 2.6. Geometrik cisimler kavram haritası.

2.1.2.2. Kavram haritalarının yararları

Son yıllarda, kavram haritaları öğretmenler için çok yararlı öğretme ve değerlendirme stratejisi haline gelmiştir. Bu stratejiyi diğerlerinden üstün kılan yararları aşağıda belirtilmiştir (Toper, 2002).

1. Kavram haritası yöntemini diğerlerinden üstün kılan öncelikli avantajı, esas fikirlerin görsel sunumunu elde edilebilir kılmasıdır. Ancak kavram haritaları gerek öğretmenlerin gerekse öğrencilerin ürettiği bütünlerdir. Bu sebeple aynı konuya ya da kavrama yönelik kavram haritaları üreticilerin özel görüşlerini yansıttıkları için farklı farklı çizilebilir.
2. Öğrenmeyi gözle görülür biçimde artırır.
3. Farklı öğrenme şekillerine ve öğrenciler arasındaki bireysel farklılıklara hitap eder.
4. Pek çok değişik konu, öğretim aşaması ve not seviyesi için uygundur.
5. Öğrenilmesi, öğretilmesi ve kullanılması kolaydır.
6. Kapsam temellidir.
7. Kapsam oluşturulması ve bütünleştirilmesinin değerlendirilmesinde kolaylıkla kullanılabilir.
8. Kavram haritaları, öğrenciyle öğretmenin tartışarak bir haritayı oluşturduklarında öğretmen ve öğrenci etkileşimini teşvik eder.
9. Öğrenci merkezlidir yani öğrenci derslerde aktif olarak rol oynar.
10. Kavramlar arasındaki doğrusal ilişkileri tanımlamalarına yararlı bir alternatif oluşturur.
11. Bir sistem içindeki ilişkileri göstermede yararlı alternatiflerden biridir.

Kendall tarafından; kavram haritalarını diğer öğretme tekniklerinden ayıran temel avantajlar aşağıdaki gibi sıralanmıştır (Öztürk Deniz, 2003).

- Öğretmek istenen konunun görsel sunumunu sağlar.
- Öğrencilerin öğrendikleri konular arasında bir sıralama yapmasında ve konular arasında bağlantı kurmasında kolaylık sağlar.
- Kavram haritası oluşturulurken öğrenciye söz hakkı verildiği için öğrenciler daha çabuk öğrenir ve böylece sosyal yönleri gelişir.
- Kavramları somutlaştırır. Bu nedenle öğretilmesi ve öğrenilmesi kolaydır.
- Pek çok konu aşaması ve not seviyesi için uygundur.
- Birbirleri ile karışan kavramların açıklığa kavuşmasını sağlar.

• Anlamlı öğrenme olan bilgi ağlarının bir araya getirilmesi daha kolay olur. Öğrenciyi ezbercilikten uzaklaştırır ve öğrenilenlerin kalıcı olmasını sağlar.

• Öğrenci – öğrenci ilişkisini geliştirir. Fikrini savunma, ifadeyi inceleme, önerisini savunma ve haritayı oluştururken anlamlı ortak yapı için çalışma alışkanlığı kazandırır.

• Kavram haritası öğrenci merkezli olup, aktif bir yöntemdir. Öğretmen ve öğrenci tartışarak haritayı oluşturduğu için öğretmen ve öğrenci arasındaki etkileşimi sağlar.

• Yanlış kavramsallaştırmayı önler.

• Konudaki hangi kavramların önemli olduğunu ortaya koyar.

• Öğrencilerin konu hakkında tartışma ve müzakere yapmasını sağlar.

2.1.2.3. Kavram haritalarının sınırlılıkları

Kavram haritalarının yukarıda belirtilen faydalarının yanında bazı sınırlılıkları da vardır.

1. Hazırlanması zordur.

2. Sık kullanımı bıkkınlık verir. Etkililiğini kaybeder. Öğrencileri tembelliğe yönlendirebilir.

3. Abartıya kaçıldığında amaçtan uzaklaşılabilir. Bu da bir öğrenme ve öğretme sürecinin kaybı demektir (Korkmaz, 2004).

Kavram haritaları zihinsel bir gayret gerektirmektedir. Öğrencilere sık sık verilen kavram haritaları, haritaların amacı dışında hazırlanmasına neden olabilir. Ayrıca kavram haritaları tek bir kavramın incelenmesinde kullanılabilecek bir teknik değildir. Bir kavram haritası ile birden fazla kavram üzerinde çalışılır. Okullarda genellikle kapasitenin üstünde öğrenci olması kavram haritalarının uygulanmasını engelleyen en büyük nedenlerden biridir. Kalabalık sınıflarda sınıf içi düzenin sağlanması ve öğretmenlerin öğrencilerdeki davranış değişikliklerini takip etmesi oldukça zorlaşır. Son olarak; kavram haritaları iyi düzenlenmediği zaman öğrenciler, kavramlar arasında var olan bağlantı eksikliklerini ortaya koymayabilir.

Öğrencilerin kavram haritası ile ilgili etkinlikle ilk kez tanışmalarından dolayı istenilen düzeyde bir kavram haritası geliştirmek her zaman mümkün olmayabilir. Öğrencilerin kavram haritalarını anlayabilmeleri için öğrencilerin bu araçlarda kullanılan işaret ve sembollerin anlamlarını önceden öğrenmiş olmaları gerekmektedir. Kavram haritalarında dikkat edilmesi gereken en önemli noktalardan biri de dil kurallarına uygun haritalar oluşturmaktır. Kavram haritaları İngiliz dili kurallarına uygun öğretim araçlarıdır. Bu yüzden kavram haritaları oluşturulurken Türkçe dil kurallarına mümkün olduğunca dikkat edilmesi gerekmektedir (Güçlüer, 2006).

2.2. Geometrinin Tarihi

Geometri, matematiğin önemli bir öğrenme alanıdır ve insanlardaki matematiksel düşüncenin önemli bir boyutunu oluşturur. İnsan yaşamında geometri, çeşitli alanlarda tüm özellikleriyle önemli bir yer tutar."Geo" ve "metri" sözcüklerinden oluşan ve "yer ölçüsü" anlamına gelen geometri, düzlemsel şekillerin özelliklerini, aralarındaki bağıntıları inceleyen matematik dalı, "hendese" olarak tanımlanmaktadır (TDK, 2000).

İnsanoğlunun ilk ilgilendiği bilim dallarından biri geometridir. Yazının icadından önceki dönemlere ait (M.Ö. 25.000'li yıllar) olduğu tespit edilmiş taşlara işlenmiş geometrik şekiller bunun en önemli kanıtıdır. Tarımla yerleşik hayat geçilmesinin, yazının ve rakamların icadının, bilimin gelişmesine büyük etkileri olmuştur (Kaya, 2004). Bundan dolayı ilk geometriye Nil nehrinin bulunduğu Mısır ve Fırat ile Dicle nehirlerinin bulunduğu Mezopotamya'da rastlanır (Gözen, 2001).

Geometri sözcüğü Dünya'nın ölçümü anlamına gelir. Bu bilim dalı başlangıçta düzlemdeki ve uzaydaki şekillerin incelenmesini konu edindi. Adı geçen şekiller somut nesnelerden türemelerine karşın, geometri denesel yöntemlerin kullanımını çok erken bıraktı. İspat öne çıktı. Bunun tersine, şekilleri gerçek nesnelerin ideal biçimine indirgemeye çalıştı. Parçaları olmayan nokta, bütün noktalarda kendine benzeyen doğru ve yüzeyler birer aksiyom (ispatlanamayan gerçek) olarak alındı. Öte yandan geometri, gözlemi de ölçmeyi de kullanmayan postülatlar (açıkça görülen fakat ispatlanmayan gerçekler) ve sonuçlarla işleyen bir kanıtlama biçimine başvurdu. Babilliler ve Mısırlılarda önceleri ispat yoktu ve daha çok deneme yöntemi kullanılıyordu. Ama Thales (İ.Ö. 626- 545) ve Euclides'le (İ.Ö. 300) gelen geometri tümüyle ispatlıydı. Cebirsel yöntemlerin etkinliğini ve gücünü gösteren Descartes (1596- 1650), her tür düzlem geometri probleminin bir denklemler dizisine indirgedi. Yani geometriyi aritmetikleştirdi. Bu dönemden sonra, sayısal koordinatlara dayanan bir gösterim biçimi kullanıldı ve şekiller, fonksiyonlar olarak ele alındı. Analitik geometri adı verilen bu yöntem, büyük bir ilerleme kaydetti. On sekizinci yüzyılda üç boyutlu uzay ve yüzeyler kuramını da kapsamına aldı (Dönmez, 2002).

Geometrinin tarihi gelişim içinde geçirdiği dört dönem vardır. Bunlardan ilki Euclit, Apollonius ve diğer bazı geometriciler tarafından verilendir. Bu geometri daha çok Yunanlıların sentetik geometrisi olarak bilinir. İkincisi analitik geometridir. Bu da, Desargues'ın, Kepler'in, Roberval'ın ve diğer on yedinci yüzyıl geometricilerinin yaptıklarıdır. Bu geometri daha çok Descartes ve Fermat tarafından bulunan koordinat geometrisidir. Üçüncüsü 1650 ile 1800 yılları arasında geometrinin sonsuz küçükler hesabına uygulandığı dönemdir. Bu dönemin matematikçileri, Cavalieri, Newton, Leibniz, Bernoulliler, Hospital, Clairaut, Eular, Langrange ve d'Alembert'ten oluşmuştur. Dördüncüsü de on dokuzuncu yüzyılda başlayan Rönesans geometrisidir. Bu geometri, Monge'un tasarı geometrisi, Poncelet'in izdüşüm geometrisi, Steiner ve Von Staudt'ın modern sentetik geometrisi, Plüker'in modern analitik geometrisi, Lobatchevsky, Bolyal, Gauss, Riemann ve diğer geometricilerin kurduğu Euclidean olmayan geometridir. Bu geometri daha çok Lobatchewski geometrisi olarak bilinir (Dönmez, 2002).

2.2.1. Günlük hayattaki geometri

Matematik eğitiminin en önemli dallarından olan geometrinin eğitimdeki yeri oldukça büyüktür. Çevremizde karşılaştığımız ve sık sık kullandığımız eşya ve varlıkların çoğu geometrik şekil ve cisimlerden oluşmaktadır. Bu şekillerden en etkili şekilde yararlanmak aralarındaki ilişkileri kavramaya dayanır. Ayrıca işimizi veya mesleğimizi yürütmede uzayı tanımada, günlük yaşamımızdaki basit problemlerimizi (Boya yapma, duvar kaplama, resim yapma model oluşturma vb) çözmede geometrik düşüncelerden yararlanırız. Ayrıca insan işini ya da mesleğini yürütürken geometrik şekil ve cisimler kullanır. Bu varlıklardan en etkili şekilde yararlanmak, bunları tanımaya, eşyanın şekli ile görevi arasındaki ilişkiyi kavramaya dayanır (Altun, 2004).

Geometri konuları insanların ilk kez dikkatini çeken konulardır. Bir yüzey parçasını doğru olarak bölmek gereksinimi, cisim ve biçimleri ölçme ve sayı ile anlatma bilgisi olan geometriyi doğurmuştur. Bu nedenle bu dersin, insanların günlük yaşamlarıyla ilgili bir yeri vardır (Fidan, 1986).

Matematik olgusunun ilk esin kaynakları doğa ve yaşamdır. Geometri yanını doğa ile ilişkilendirmek daha kolay ve gereklidir. İnsanın geometri adına yaptığı, doğada var ve yadsınamaz gerçekleri görmek, bunlar arasındaki ilişkileri keşfederek soyut alanda (zihinde) bu ilişkileri yeni gerçek ve yeni ilişkilere götürmek olmuştur (Develi ve Orbay, 2003). İnsanlar mesleklerinde geometrik şekillerle ve cisimlerle ilgili bildiklerine dayanarak sıklıkla karar almaktadırlar. Marangozlar ev inşa etmek için açıları ölçmektedirler. Mühendisler hangi açıların bir otobanın eğimini şekillendireceğine karar verirler. Bahçıvanlar çiçeklerin yetiştiği yerlerin şekillerini ve pozisyonlarını planlarlar. (MEB,1999).

2.2.2. Öğrencide geometrik düşüncenin gelişimi

Geometri sadece matematiğin önemli bir öğrenme alanı olarak düşünülmemelidir. Geometri, çocukların çevrelerindeki geometrik yapılarla matematiğin çeşitli alanları arasında ilişki kurmalarına ve günlük yasamda karşılaştıkları problemleri çözmelerine yardımcı olur. Geometrik düşünce sadece matematik dersiyle değil diğer tüm derslerle ilişkilidir ve öğrencilerin birçok bilisel becerisinin gelişmesinde önemli rol oynar. Bu kapsamda, öğrencinin matematik dersine olan bakış açısı da olumlu yönde değişmektedir. Geometri, öğrencilere çözümleme, karşılaştırma, genelleme yapma gibi temel becerilerin yanında inceleme, araştırma, eleştirme, öğrendiklerini sema biçiminde ortaya koyma, düzenli, dikkatli ve sabırlı olma, düşüncelerini açık ve seçik ifade etme gibi bilişsel beceriler de kazandırmaktadır. Öğrenciler geometriyi etkin bir şekilde öğrenebilmek için araştırmaya, denemeye ve keşfetmeye gerek duyarlar. Bu nedenle özellikle ilköğretim aşamasında geometri eğitimi öğrencilere zengin yaşantılarla verilmelidir (Kılıç, 2003).

Çocuklarda geometrik düşüncenin gelişmesi Van De Walle'nin (1989, s.269-271) Huffer'e dayanarak yaptığı açıklamaya göre, Piere Van Hiele ve Diana VanHiele Geldof, Amerika Birleşik Devletleri ve Sovyet Rusya'daki geometri çalışmalarını da etkileyen çalışmalarında, geometrik düşüncenin gelişmesinin beş düzeyden geçtiği belirtilmektedir. Bunlar, şunlardır:

"0"Düzeyi:Görsel Dönem: Şekilleri Bir Bütün Olarak Tanıma Ve Adlandırma. Bu düzeyde çocuklar şekillerle ilgili ölçme yapabilirler ve şekillerin özelliklerini fark edebilirler; fakat ve soyutlama yapılamaz. Örneğin, kare kareye benzediği için karedir. Yine bu düzeyde çocuklar, bir şeklin duruşu gibi kendisiyle ilgisi olmayan özelliklerinden etkilenirler. Örneğin, bazı öğrenciler tepesi aşağı doğru olan bir üçgeni üçgen olarak tanımazlar. Kare ve dikdörtgeni tanıyabilirler fakat karenin aynı zamanda bir dikdörtgen olduğunu kavrayamazlar. Bu düzeydeki çocuklar, şekilleri görünüşlerine göre sınıflayabilirler. Örneğin,"Bunları aynı gruba koydum; çünkü hepsi şişman veya hepsi eve benziyor."biçiminde sınıflama yaparlar. Özet olarak; bu düzeydeki çocuklar şekillerin sınıflamasını anlamaya başlarlar. Sonuç olarak; bu düzeydeki düşünmenin ürünü, şekillerin benzerliklerine göre sınıflandırılmasıdır.

"1"Düzeyi: Analiz. Bu düzeydeki çocuklar bir sınıftaki şekillerin her birinin özelliklerini ayrı ayrı değil bütününü birlikte düşünürler. Örneğin, belli bir dikdörtgenin özelliği yerine bütün dikdörtgenlerin özelliklerini birlikte düşünürler(dört kenarlı olmalarını, karşılıklı kenarlarının eş olduğunu, açılarının dik olduğunu).Bu düzeydeki öğrenciler bir sınıfa ait şeklin özelliklerinin, bu şeklin bulunduğu sınıfı temsil ettiğini anlayabilirler, bir şeklin özelliklerini ait olduğu sınıfa genelleyebilirler. Karenin, dikdörtgenin, paralelkenarın bütün özelliklerini söyleyebilirler; fakat dikdörtgenlerin, paralelkenarların ve karelerin dikdörtgenlerin bir alt sınıf olduğunu göremezler. Analiz düzeyinin ürünü şekillerin özellikleridir.

"2"Düzeyi: Formal olmayan sonuç çıkarma düzeyi. Bu düzeyde, bir sınıftaki şekillerin özellikleri arasında ilişki kurulabilir. Örneğin, öğrenciler "Bir şeklin bütün açıları dik açı ise, bu şekil dikdörtgen olmalıdır. Eğer şekil kare ise, bütün açıları diktir." biçimindeki akıl yürütmeleri ve mantıksal tartışmaları yapabilirler. Bu örnekte olduğu gibi 2 düzeyindeki öğrenciler,"böyle ise böyledir" biçimindeki akıl yürütmeleri yapabilir ve şekilleri minimum özelliklerine göre sınıflayabilirler. Örneğin, bir dörtgenin dikdörtgen olması için bir açısının dik olması yeterlidir. Bu düzeydeki öğrenciler bir ispatı izleyebilirler fakat kendileri ispat yapamayabilirler. Bu düzeyin ürünü, geometrik şekillerin özellikleri arasındaki ilişkilerdir.

"3"Düzeyi: Tümevarım. Bu düzeydeki öğrenciler şekillerin özelliklerinden ötesine gidebilirler, şekillerin özelliklerini karşılaştırabilirler, tartışabilirler. Formal olmayan tartışmalar yapabilir; tümevarım yoluyla akıl yürütme süreçlerini başarabilirler ve bu sistem içinde kendileri ispat yapabilirler. Aynı teoremle ilgili farklı iki mantıksal akıl yürütmeyi birbirinden ayırt edebilirler.

“4”Düzeyi: İlişkileri görebilme ve matematiksel olarak ifade edebilme. Bu düzeydeki öğrenciler farklı aksiyomatik sistemlerin farklılıklarını ve aralarındaki ilişkileri fark edebilirler. Bu sistemleri çalışılacak birer alan olarak görebilirler. Bu düzeydeki ve ilgisi olan bir öğrenci geometriyi kendine çalışılacak bir matematik alanı olarak görebilir. Bu düzeyin ürünü, geometrideki farklı aksiyomatik sistemlerin karşılaştırılmasıdır.

Yukarıdaki düzeyler incelendiğinde bunların aşağıdaki özelliklere sahip oldukları görülür.

1. Düzeyler hiyerarşiktir. Bir düzeyde olabilmek için önceki düzeylerden geçilmesi gerekir. Diğer bir deyişle, belli bir düzeydeki özelliklere sahip olabilmek için önceki bütün düzeylerdeki özelliklere sahip olunması gerekir.
2. Düzeyler zihinsel gelişimle ilgilidir; ancak sadece yaşa veya Piaget’nin zihinsel gelişim stratejilerine bağlı değildir. Bir ilköğretim üçüncü sınıf öğrencisi ile lise ikinci sınıf öğrencisi aynı düzeyde bulunabilirler veya birçok lise öğrencisi birinci düzeye ulaşamamış olabilir. Genellikle ana sınıfı ile ilköğretim ikinci sınıf arasındaki öğrencilerin“0” düzeyinde ve ilköğretimin bundan sonraki sınıflarıyla sekizinci sınıf sonuna kadar olan öğrencilerin “1” ve “2” düzeylerinde olduğu kabul edilebilir. Bu duruma göre ilköğretimin ilk iki sınıfındaki öğrencilerin “0” ve son üç sınıfındaki öğrencilerin de “1” düzeyinde bulundukları ve ilköğretimin ikinci kademe öğrencilerinin de “1” ve“2” düzeylerinde olduğu düşünülebilir.
3. Bu düzeylerdeki gelişme, öğretim konusunda, öğretimin niteliğine ve öğrencilerin tecrübelerine bağlıdır. Öğrencileri keşfetmeye, eleştirici düşünmeye, tartışmaya ve bir sonraki düzeylerdeki konularla etkileşime sevk eden bir eğitim, öğrencilerin bu düzeylerdeki gelişimini ve sonraki düzeylere daha hızlı bir şekilde geçişlerini sağlayıcı olur.
4. Öğrencilerinin halen bulunduğu düzeye ve geometri konusuna uygun olmayan bir yaklaşım öğrenmenin öğrenmesinin gerçekleşmemesine sebep olur (Baykul, 2002).

2.2.3. Üçgenler ve geometrik cisimlerin öğretimi

Matematik öğretim programının yapısının merkezinde öğrenme alanları vardır. Öğrenme alanları alt öğrenme alanlarından oluşmuştur. Alt öğrenme alanları içinde hedeflenen kazanımlar belirtilmiştir. Matematik dersi, ilköğretim 1- 5. sınıflar için dört öğrenme alanına (sayılar, ölçme, veri ve geometri) ve ilköğretim 6- 8. sınıflar için beş öğrenme alanına (sayılar, cebir, ölçme, geometri, olasılık ve istatistik) ayrılarak bu öğrenme alanlarına bağlı kazanım ve etkinlikler oluşturulmuştur (MEB, 2004).

İlköğretimdeki matematik öğretiminde geometri konularına da yer verilmesinin bazı sebepleri aşağıdaki biçimde ifade edilir:

1. İlköğretimde matematik çalışmaları arasında eleştirici düşünce ve problem çözme önemli bir yer tutar. Geometri çalışmaları da, öğrencilerin eleştirici düşünme ve problem çözme becerilerinin gelişmesine önemli katkılarda bulunur.
2. Geometri konuları matematiğin diğer konularının öğretiminde yardımcı olur. Örneğin: Kesir sayıları ve ondalıklı sayılarla ilgili kavramların kazandırılmasında ve işlemlerin tekniklerinin öğretiminde dikdörtgensel, karesel bölgelerden ve daireden büyük ölçüde yararlanılır.
3. Geometri, matematiğin günlük hayatta kullanılan önemli parçalarından biridir. Örneğin: Odaların şekli, binalar, süslemelerde kullanılan şekiller geometriktir.
4. Geometri, bilim ve sanatta da çok kullanılan bir araçtır. Örnek olarak: mimarların, mühendislerin geometrik şekilleri çok kullandıkları; fizikte, kimyada ve diğer bilim dallarında geometrik özelliklerin fazlaca kullanıldığı görülebilir.
5. Geometri, öğrencilerin içinde yaşadıkları dünyayı daha yakından tanımlarına ve değerini takdir etmelerine yardım eder. Örneğin: Kristallerin, gök cisimlerinin yörüngeleri birer geometrik cisimdir.
6. Geometri, öğrencilerin hoş vakit geçirmelerinin, hatta matematiği sevmelerinin bir aracıdır. Geometrik şekiller, bunlarla yırtma, yapıştırma, döndürme, öteleme ve simetri yardımıyla eğlenceli oyunlar oynanabilir (Baykul, 2000).

3. MATERYAL VE YÖNTEM

3.1. Araştırma Modeli

Araştırmada kullanılan yöntem genel tarama modellerinden betimsel çalışma yöntemidir. Araştırmada kullanılan çoktan seçmeli, doğru-yanlış doldurmalı ve açık uçlu sorulardan oluşturulan teşhis testinin öğrencilere uygulanmasıyla öğrencilerin üçgenler ve geometrik cisimler konusundaki hata ve kavram yanılgıları tespit edilmeye çalışılmıştır.

3.2. Evren ve Örneklem

Araştırmanın evrenini 2010- 2011 eğitim- öğretim yılında Van'da bulunan Milli Eğitim Bakanlığı'na bağlı ilköğretim okullarında okumakta olan 6., 7. ve 8. sınıf öğrencileri oluşturmaktadır. Örneklemi ise rastlantısal olarak belirlenen, Van merkezde bulunan Özel Çınar ilköğretim okulu ve Van'ın Özalp ilçesinde bulunan Sağmalı ilköğretim okulu ile Karasu ilköğretim okulunda okumakta olan 6., 7. ve 8. Sınıftan toplam 225 öğrenci oluşturmaktadır. Bu üç okul, 2008 – 2010 eğitim ve öğretim yılları arasında yapılan seviye belirleme sınav sonuçları dikkate alınarak üç gruba ayrılmıştır. Özel Çınar ilköğretim okulu; üst grup, Sağmalı ilköğretim okulu; orta grup ve Karasu ilköğretim okulu da alt grup olarak belirlenmiştir.

3.3. Veri Toplama Araçları

Bu araştırmanın gerektirdiği verilerin toplanmasında öncelikle konuyla ilgili yayınlar araştırılmıştır. Matematik ve geometri öğretimi konusunda daha önce yapılan bilimsel araştırmalar ve matematik öğretiminde karşılaşılan sorunlarla ilgili kaynaklar taranarak araştırmayla ilgili veriler toplanmıştır. Geometrideki eksik öğrenme ve kavram yanılgılarının tespiti için test hazırlanırken, ilköğretimde görev yapan bazı matematik öğretmenleriyle yüz yüze görüşmeler yapılmış ayrıca yanılgıları ölçebilecek nitelikteki sorular hazırlanırken uzman görüşlerine başvurulmuştur. İlköğretim 6., 7. ve 8. sınıf düzeyindeki öğrencilerin üçgenler ve geometrik cisimler konusundaki eksik öğrenmeleri ve bu konularda yanılgıya düştükleri kavramlar belirlenmiş, daha sonra elde edilen verilerden yararlanarak ilköğretim müfredat programında belirtilen amaç ve davranışları kapsayan 25 soruluk bir test hazırlanmıştır (Bkz. Ek- 1). Bütün sorular 6. sınıf müfredat programında belirtilen hedef ve davranışları ölçecek nitelikte hazırlanmaya çalışılmıştır.

3.4. Verilerin Toplanması

Bu araştırmada, öğrencilerde görülen üçgenler ve geometrik cisimler konusundaki kavram yanılgılarını belirlemek amacıyla test uygulaması yapılmıştır. Hazırladığımız test soruları üçgenler ve geometrik cisimlerle ilgili tüm kavramları içermiş ve bu kavramlarda ortaya çıkan yanılgıların nedenlerini belirleyecek sorularla desteklenmiştir. Test soruları hazırlama aşamasında ilköğretim 6., 7. ve 8. sınıf matematik müfredatında bulunan üçgenler ve geometrik cisimlerle ilgili tüm kavramlar taranmıştır. Hazırlanan test, araştırmacının kendisi tarafından sınıf ortamında uygulanmıştır. Uygulama 20- 25 dakika sürmüştür. Araştırmaya katılan öğrencilere tüm soruları doğru ve tarafsız cevaplamaları konusunda uyarılarda bulunulmuştur. Cevaplama sırasındaki doğru kodlamanın nasıl olacağı da öğrencilere gösterilmiştir. Böylelikle test uygulanmıştır. Test sonucunda her sorunun madde güçlük indeksi ve madde ayırt edicilik indeksi hesaplanmıştır (Bkz. Ek - 2). Bu değerler bulunurken test uygulanan 225 öğrencilik grubu en başarılıdan en başarısıza doğru sıralanmıştır. En başarılı olan %27'lik dilime giren 60 kişi üst grup olarak alınmıştır. En başarısız %27'lik dilime giren 60 kişi ise alt grup olarak alınmıştır. Geride kalan %46'lık dilime girenler ise değerlendirmeye alınmamıştır.

$$\text{Madde Güçlük indeksi} = Pj = \frac{Dü + Da}{2N}$$

$$\text{Madde Ayırt Edicilik İndeksi} = Rjx = \frac{Dü - Da}{N}$$

Dü : Maddeyi üst grupta doğru cevaplayanların sayısı

Da : Maddeyi alt grupta doğru cevaplayanların sayısı

N : Üst veya alt gruplardan birinin sayısı

Çizelge 3. 1 Madde güçlük ve ayırt edicilik indekslerinin yorumu

Madde güçlük Endeksi (Pj)	**Madde ayırt edicilik endeksi (Rjx)**	**YORUM**
0.90 dan fazla	Değer yok	- Eğer etkili bir öğretim varsa tercih edilir.
0.60-0.90	Rjx>0.20	- Tipik iyi bir madde.
0.60-0.90	Rjx<0.20	- Üzerinde çalışılması gereken madde.
Pj<0.60	Rjx>0.20	- Zor, fakat ayırt edici bir madde. (Eğer yüksek standartlara sahipseniz bu soru iyidir.)
Pj<0.60	Rjx<0.20	- Zor ve ayırt edici olmayan madde. (Bu madde kullanılamaz.)

Madde güçlük indeksi (Pj) 0.50 civarında olan sorular orta zorlukta sorular olduğundan bu değere yakın olan sorular tercih edilmiştir. Madde ayırt edicilik indeksi (Rjx) 0.19 ve altı olanların teste alınması uygun olmadığından bu değerin üstünde olan sorular tercih edilmiştir. Böylece teste alınmaması gereken 5 tane soru (1., 5., 20., 21. ve 23. sorular) tespit edilmiştir. Bu sorular testten çıkartılıp son durumda oluşan 20 soruluk test aynı gruplardaki öğrencilere tekrar uygulanmıştır (Bkz. Ek - 3). Verilerin analizi aşamasında da son durumda uygulanan test değerlendirmeye alınmıştır.

3.5. Verilerin Analizi

İlköğretim 6., 7. ve 8. sınıfların üçgenler ve geometrik cisimler ile ilgili kavram yanılgılarını belirlemek amacıyla yapılan bu çalışmada verileri analiz etmek için yüzde ve frekans hesapları kullanılmıştır. Öğrenci cevaplarından bilimsel olmayan cevaplar yanlış, öğrencilerin açıklama getirerek savundukları yanlış cevapları ise kavram yanılgısı olarak sınıflandırılmıştır. Bulunan kavram yanılgıları, okulların her alt problem için sahip oldukları yanılgı yüzdeleri ile okulların tüm sorularda ortaya çıkan kavram yanılgıları araştırmanın bulgular kısmında yer almaktadır.

4. BULGULAR VE YORUM

4.1. Üçgenler ve Geometrik Cisimler Testi İle İlgili Bulgular

Üçgenler ve geometrik cisimler testi, ilköğretim 2. kademe öğrencilerinin üçgenler ve geometrik cisimler konuları hakkındaki kavram yanılgılarını tespit etmek amacıyla hazırlandı. Bu test, üçgenler ve geometrik cisimlerin genel özellikleri ve kendi aralarındaki ilişkileri ile ilgili öğrencilerin kavram yanılgılarını tespit etmek amacıyla hazırlanmış 20 sorudan oluşmaktadır.

Üçgenler ve geometrik cisimler testinin güvenirliği Kuder – Richardson (KR-20) ile hesaplanmıştır. Öğrencilerin vermiş olduğu doğru cevaplar 1 puan, yanlış cevaplar ise 0 puan kabul edilerek testin güvenirlik katsayısı 0.659 olarak bulunmuştur. Soru sayısı göz önüne alındığında bu testin güvenilirliği orta düzeydedir.

$$KR-20: r_x = \frac{n}{n-1}\left[1-\frac{\sum p.q}{S_x^2}\right]$$

n= Testteki soru sayısı

Sx= Test puanlarının standart sapması

P: Madde güçlük indeksi. q =1-p

Çizelge 4.1.a Üçgenler ve geometrik cisimler testi 1–12. sorulara verilen cevapların frekansı

Soru	A	B	C	D	Cevapsız	Doğru (%)
1	65	76*	29	45	10	33.8
2	40	33	32	94*	26	41.8
3	192*	8	17	7	1	85.3
4	16	23	17	167*	2	74.2
5	29	22	25	138*	11	61.3
6	32	29	128*	32	4	56.8
7	25	53*	64	49	34	23.6
8	111*	53	33	23	5	49.3
9	38	37	111*	32	7	49.3
10	45	69*	31	61	19	30.7
11	124*	41	13	37	10	55.1
12	46	33	37	96*	13	42.7

* Doğru seçenek

Çizelge 4.1.a da üçgenler ve geometrik cisimler ile ilgili kavram yanılgılarını ölçmeye yönelik hazırlanmış olan teste katılan öğrencilerin ilk 12 soruya verdikleri cevapların frekansı verilmiştir. Dikdörtgenler prizmasının şekli, kare dik piramidin açık hali, prizmaların yüz sayıları, eşkenar üçgenin tanımı ve piramitlerin adlandırması gibi durumların sorulduğu 3., 4., 5., 13. ve 17. sorular doğru cevaplandırma oranının en yüksek olduğu sorulardır.

Açılarına göre üçgen çeşitlerinin ne kadar bilindiğini ölçmeye yönelik sorulan 1. soruyu öğrencilerin %33.8'i doğru cevaplamıştır. Soruya verilen cevaplar göz önüne alındığında ikizkenar üçgen ile dar açılı üçgenin birbiriyle karıştırıldığı ve bunların tanımlarının bilinmediği ortaya çıkmaktadır. Bu da bize öğrencilerin üçgen çeşitleri hakkında yeterli bilgiye sahip olmadığını göstermektedir. Öğrencilerin verilen bir matematiksel cümleyi şekil üzerine dökebilme becerilerinin ölçülmesi amacıyla sorulan 2. soruya %46.7 oranında yanlış cevap verilmiştir. %11.1 oranında da bu soru cevaplandırılmamıştır. Buradan da anlaşılacağı gibi genel olarak öğrenciler verilen bilgiyi şekil üzerine uygulamakta yetersiz kalmışlardır. Bu durum matematik öğretiminde üzerinde önemle durulması gereken bir sorundur. Öğrenciler verilen formülü ve bilgiyi sadece ezberlemeye yönlendirilmemeli, verilen bir bilgiyi nasıl kullanacakları hakkında da yol gösterilmelidir. Öğrencilerin dikdörtgenler prizmasını şekil olarak tanıyıp tanımadığını bilmeye yönelik sorulan 3. soruya %85.3 oranında doğru cevap verilmiştir. Bu soru testte en yüksek oranda doğru cevaplanan sorudur. Bu da öğrencilerin çoğunun dikdörtgenler prizmasını şekil olarak tanıdıklarını bize göstermektedir. Kare dik piramidin açık halinin sorulduğu 4. soru, küplerin görünümü ile ilgili sorulmuş olan 11. soru ve küreyi şekil olarak tanıyabilmeyi ölçmeye yönelik sorulan 8. soruya verilen doğru cevap oranları sırasıyla %74.2 ,%55.1 ve %49.3 olarak tespit edilmiştir. Bu oranlardan hareketle öğrencilerin genel olarak geometrik cisimleri şekil olarak tanıdıkları yargısına varmamız mümkündür. Kürenin şeklinin istendiği 8. soruda öğrenciler kürenin şeklini en çok daire ve çemberin şekliyle karıştırmışlardır. Öyle ki; %38.2 oranında kürenin şekli, daire ve çember ile karıştırılmıştır.

Bu da öğrencilerin küre, daire ve çember arasındaki şekil olarak farklılıkları daha iyi anlayabilmeleri için bu konu üzerinde durulmasının gerekliliğini ortaya koymaktadır.

Prizmaları sahip oldukları yüz sayılarına göre birbirinden ayırt etmeye yönelik sorulan 5. soru %61.3 ile yüksek oranda doğru cevaplanan sorulardan biridir. Bu soruya verilen cevaplar göz önüne alındığında öğrencilerin geneli prizmaları birbirinden ayırt etmektedir. Kenarlarına göre üçgen çeşitleri ile ilgili sorulan 6. soruya %56.8 oranında doğru, %41.3 oranında ise yanlış cevap verilmiştir. Bu oranlara baktığımız zaman öğrencilerin neredeyse yarısına yakını üçgenleri kenarlarına göre sınıflandırmada sorun yaşamakta ve dar açılı üçgen, ikizkenar üçgen, eşkenar üçgen ile geniş açılı üçgeni birbiriyle karıştırmaktadır. Üçgenlerde Pisagor bağıntısını bilme ve üçgenin alanını hesaplama yönteminin ne derecede bilinip bilinmediğini ölçmek için sorulan 7. ve 10. sorular sırasıyla %23.6 ve %30.7 değerleriyle en az doğru yapılan sorulardandır. Bu durum öğrencilerin üçgenlerde Pisagor bağıntısı ile alan hesabının yapılmasında yetersiz olduklarını göstermiştir. Ayrıca 7. soruya verilen cevaplar göz önüne alındığında Pisagor bağıntısının karıştırıldığını ve hangi kenarın dik kenar olduğunun bilinmediği söylenebilir. Bu soruların yanlış cevaplandırma oranlarının yüksek olmasının nedeni, bu konuların soyut olmalarından dolayı hem öğretimlerinin hem de anlaşılmalarının zor olmasıdır. Bu zorluğu yenmek için öğretmenlere büyük görevler düşmektedir. Elden geldiğince bol bol pratik yapılıp soru çözümlerine ağırlık verilmelidir ki, öğrencilerin bu konulardaki hataları azaltılabilsin. Dik üçgeni tanıyabilme ve buradaki bağıntıları kullanabilme bilgisini ölçmek için sorulan 9. soruya öğrencilerin %49.3'ü doğru cevap vermiştir. Bu soruda birbiriyle en çok karıştırılan kavramlar eşkenar üçgen ile dik üçgen kavramları olmuştur. Verilen cevaplar göz önüne alındığında öğrencilerin aradaki farkı tam olarak bilmediği söylenebilir. Çok önemli bir konu olmasına rağmen bu sorunun orta düzeyde doğru cevaplanması üzerinde önemle durulması gereken bir durumdur. Bu durum bize öğrencilerin üçgenler konusunu genel hatlarıyla bildiklerini ama işlem yapma ve verilen bilgiyi kullanma bakımından yetersiz olduklarını göstermiştir. Bu konudaki yanlış bilgileri azaltmanın bir yolu da öğrencileri ders içinde daha aktif duruma getirmekten geçmektedir. Öğrencilere özellikle geometri konuları işlenirken sadece pasif alıcı olacakları bir ortam değil de değil verilen bilgiden başka bilgileri kendi kendilerine düşünebilme ortamları sağlanmalıdır. Böyle bir durumda öğrenilenlerin daha kalıcı olacağı aşikârdır. Verilen bir prizma şekline bağlı kalarak yorum yapmayı gerektiren 12. soru %42.7 oranında doğru cevaplanmıştır. Bu durum aslında geometrik cisimlerin genelinde geçerli olan bir zorluğu da gözle önüne sermektedir. Geometrik cisimler üç boyutlu cisimler olduğundan öğrenciler ilk kez bu konular işlenirken bu konuları anlamada diğer geometri konularına göre daha çok zorluk çekmektedirler. Bu zorluğu biraz daha azaltmanın bir yolu da geometrik cisimleri anlatırken sadece çizimlerden yararlanılmasının yetersiz olduğunun farkında olunmasıdır. Özellikle materyal kullanarak geometrik cisimleri öğrencilere gözleriyle görebilecekleri şekilde anlatmak daha faydalı ve kalıcı olacaktır. Günlük hayatta geometrik cisimlerin çoğunun etrafımızda mevcut olduğunun ve bir şekilde bu şekillerden çeşitli işler için yararlanıldığının öğrencilere anlatılması, konunun somutlaştırılması ve daha iyi anlaşılması için faydalı olacaktır.

Çizelge 4.1.b Üçgenler ve geometrik cisimler testi 13 – 20. sorulara verilen cevapların frekansı

Soru	Yanlış	Doğru	Cevapsız	Doğru (%)
13	56	161*	8	71.6
14	100	103*	22	45.8
15	102*	102	21	45.3
16	81	112*	32	49.8
17	70	136*	19	60.4
18	26	121*	78	53.8
19	95	35*	95	15.6
20	78	68*	79	30.2

* Doğru seçenek

Çizelge 4.1.b de üçgenler ve geometrik cisimler ile ilgili kavram yanılgılarını ölçmeye yönelik hazırlanmış olan teste katılan öğrencilerin 13. – 20. sorulara verdikleri cevapların frekansı verilmiştir. 13.- 17. sorular doğru ve yanlış olmak üzere 2 seçenekli sorulardır. 18. – 20. sorular ise açık uçlu sorulardır. Açık uçlu soruların cevaplarının öğrencilerin kendileri tarafından yazılması istenmiş ve yazılan cevaplar değerlendirmeye alınmıştır. Testin bu kısmında sorulan soruların doğru cevaplanma yüzdeleri genel olarak çizelge 4.1.a da verilen çoktan seçmeli soruların doğru cevaplanma yüzdelerine göre daha düşüktür. Bunun sebebi olarak da öğrencilerin çoktan seçmeli soru tarzlarına göre eğitilmelidir. Sonuç itibariyle ortaöğretime geçiş için girilecek sınav çoktan seçmeli sorulardan oluşmaktadır. Bu durum da hem öğrencileri hem de öğretmenleri çoktan seçmeli soru tarzlarına yönlendirmiştir.

Eşkenar üçgen ve dik üçgendeki hipotenüs bağıntısının tanımına ilişkin sorulan 13. ve 16. sorulara sırasıyla %71.6 ve %49.8 oranında doğru cevap verilmiştir. Buradan öğrencilerin üçgenler konusuyla ilgili tanımları bilmede genel olarak yeterli bilgiye sahip oldukları ama yine de eksikliklerinin olduğu sonucunu çıkartabiliriz. Öğretmenler; öğrencileri bu konuları öğrenme aşamasında ezbere teşvik etmemeli, konuları kavramalarına yardımcı olmalıdırlar. Çünkü ezberlenen bir tanım ya da formülün unutulma ihtimali yüksektir. Ama öğrencinin aktif katılımıyla öğrenilmiş bir konunun kalıcılığı daha uzun sürelidir. Prizmaların tanımı, dörtgenlerin döndürülmesiyle oluşan şekiller ve piramitlerin adlandırmasıyla ilgili sorulan 14., 15. ve 17. sorulan soruların doğru cevaplanma değerleri sırasıyla %45.8, %45.3 ve %60.4'dir.Bu üç soruya verilen ortalama doğru cevap yüzdesi %50.5'dir. Bu ortalama değer, üçgenlerle ilgili sorulan 13. ve 16. sorularda %60.7'dir. Buradan öğrencilerin geometrik cisimlerin tanımları hakkında üçgenler konusuna oranla daha az bilgiye sahip oldukları sonucunu çıkartabiliriz.

Prizma ve piramit çeşitlerinin öğrenciler tarafından yazılmasının istendiği 18. soruya öğrenciler %53.8 oranında doğru cevap vermişlerdir. Buradan öğrencilerin yaklaşık olarak yarısının prizma ve piramit çeşitlerini bildikleri sonucuna varabiliriz. Ayrıca bu soruya verilen cevaplar incelendiğinde öğrenciler cevap olarak daha çok üçgen ve dörtgen çeşitlerinin adlarını yazmışlardır. Yani prizma ve piramit çeşitleriyle, üçgen ve dörtgenlerin çeşitleri birbiriyle karıştırılmıştır. Bir üçgenin iç açılarının toplamının sürekli sabit bir sayı olduğunun öğrenciler tarafından bilinip bilinmediğini ölçmek amacıyla sorulan 19. soruya uygulamış olduğumuz testin en düşük doğru yanıtlama değeri olan %15.6 oranında doğru cevap verilmiştir. Buradan elde ettiğimiz bu değer; öğrencilerin öğrenmiş olduğu bilgiyi sadece öğrendiği örnek üzerinde uygulayabildiği ve yeni durumlara uygulamada ciddi eksikleri olduğunun bir göstergesidir. Bu olumsuz durumun önüne geçmek için verilecek olan tanım ve kavramlar hep aynı örnek üzerinde anlatılmamalı, sürekli değişen ve kendini geliştiren bir eğitim-öğretim süreci tercih edilmeli ve klişeleşmiş bir anlatım tarzından uzak durulmalıdır. Testin son sorusu olan 20. soru ise açıları verilmiş olan bir üçgenin kenar uzunluklarını karşılaştırma ile ilgilidir. Bu soruya öğrenciler %30.2 oranında doğru cevap verilmiştir. Bu değerden yola çıkarak öğrencilerin verilen bilgiler arasında ilişki kurmada yetersiz kaldıkları sonucuna varılabilir. Ayrıca öğrencilerin cevapları değerlendirildiğinde, özellikle 20. soruya verilen yanlış cevapların genel olarak nedeni; sadece sorunun doğru cevabı hakkında fikir sahibi olunmaması değil aynı zamanda verilen sorunun doğru bir şekilde anlaşılamamasıdır. Çünkü soruda üçgenin kenar uzunluklarının kıyaslanması istenmişken öğrenciler bunun yerine üçgenin zaten sayısal olarak verilmiş olan üçgenin iç açılarını kıyaslamışlardır. Öğrenciler kenar uzunlukları ile iç açıları birbirleriyle karıştırmışlardır.

4.2. Test Sonuçlarının Gruplara Göre Karşılaştırılması

Çizelge 4. 2. Alt problemleri grupların doğru cevaplama yüzdeleri

Alt Problem	Gruplar	Her Grubun Doğru Cevaplama Yüzdesi (%)	Grupların Ortalama Doğru Cevaplama Yüzdesi (%)
1. Alt Problem	Üst Grup	50.2	44.4
	Orta Grup	42.9	
	Alt Grup	40.2	
2. Alt Problem	Üst Grup	61	48.5
	Orta Grup	41.3	
	Alt Grup	43.3	
3. Alt Problem	Üst Grup	73	65
	Orta Grup	64.5	
	Alt Grup	57.6	
4. Alt Problem	Üst Grup	40	33.8
	Orta Grup	22.7	
	Alt Grup	38.7	
5. Alt Problem	Üst Grup	77.3	56.9
	Orta Grup	53.3	
	Alt Grup	40	
6. Alt Problem	Üst Grup	42.7	33.2
	Orta Grup	32	
	Alt Grup	25	

Çizelge 4. 2. de her grubun ayrı ayrı ve grupların genelinin alt problemlere verdikleri doğru cevapların yüzdeleri verilmiştir. Alt problemlerin hepsinde üst grubun doğru cevaplama yüzdesi diğer gruplara göre daha yüksektir. 2. ve 4. alt problem dışında kalan diğer alt problemlerde orta grubun doğru cevap verme yüzdesi alt gruptan daha yüksektir.

1. alt problemi üst grup %50.2 oranında doğru cevaplamıştır. Bu da bize üst gruptaki öğrencilerin yarısına yakınının üçgen çeşitlerini tam olarak bilmediklerini ve bunları birbirleriyle karıştırdıklarını, üçgende pisagor bağıntısıyla ilgili yeterli derecede bilgiye sahip olmadıklarını ve dik üçgendeki tanımları tam olarak bilmediklerini, son olarak da bir üçgenin alanının nasıl hesaplanacağı hakkında fikir sahibi olmadıklarını göstermektedir. 1. alt problemi orta grup %42.9, alt grup ise %40.2 oranında doğru cevaplamıştır. Değerlerin bu derece birbirine yakın olması hem orta hem de alt grubun üçgenler konusunda kavram, tanım ve genellemeleri tam olarak bilmediklerini ve bunları birbirleriyle karıştırdıklarını ortaya koymaktadır. Bu alt probleme her üç grup ortalama olarak %55.6 oranında yanlış cevap vermiştir. Üçgenler konusu işlenirken kavram, tanım ve genellemelerin üzerinde yoğun bir şekilde durulduğu göz önüne alındığında verilen yanlış cevapların bu derece yüksek

oluşu dikkat çekmektedir. Yani öğrencilerin yarısından fazlası üçgenler konusunun temelini oluşturan tanımları, kavramları bilmemekte ve verilen bilgileri birbiriyle ilişkilendirmede sorun yaşamaktadır. Oysa ilköğretim II. kademe öğrencilerinin 1. alt problemi oluşturan 2., 7., 9., 10., 13. ve 16. soruları kolaylıkla çözebilmeleri gerekmektedir. Öğrencilerin büyük bir kısmının okuduklarını anlamakta güçlük çektikleri ve verilen bilgileri kullanamadıkları için bu soruları doğru cevaplayamamış olabilirler.

2. alt problemi üst grup % 61 oranında doğru cevaplamıştır. Geometrik cisimlerle ilgili kavram, tanım ve genellemelerin ne derece bilindiğinin ölçülmesi amacıyla sorulan 12., 14., 15. ve 17. soruların oluşturduğu 2. alt probleme, öğrenciler; üçgenlerle ilgili kavram, tanım ve genellemelerin ölçülmek istendiği 1. alt probleme oranla daha çok doğru cevap vermişlerdir. Bu da bize üst gruptaki öğrencilerin geometrik cisimler konusunda üçgenler konusuna göre daha çok bilgiye sahip olduklarını göstermektedir. 2. alt probleme orta grup %41.3, alt grup ise %43.3 oranında doğru cevap vermişlerdir. Bu değerler orta ve alt grubun 1. alt problem için geçerli olan değerlerine yakın değerlerdir. Buradan orta ve alt grubun arasında hem üçgenler hem de geometrik cisimler konusunu bilme durumuyla ilgili fazla bir fark olmadığını göstermektedir. Ayrıca alt grubun geometrik cisimlerin tanım, kavram ve genellemeleri hakkındaki bilgilerinin orta gruba göre daha iyi olduğu söylenebilir. 2. alt probleme genel olarak %48.5 oranında doğru cevap verilmiştir. Buradan genel olarak geometrik cisimlerin tanım, kavram ve genellemelerinin üçgenlere oranla biraz daha iyi bilindiği sonucuna varılabilir.

3. alt problem öğrencilerin geometrik cisimleri birbirinden ayırt etme ve aralarındaki temel farkları görebilme düzeylerini ölçmek amacıyla sorulmuştur. Bu alt probleme; üst grup %73, orta grup %64.5, alt grup ise %57.6 oranında doğru cevap vermiştir. Bu değerlere bakarak üst grubun 5. alt problemden sonra en yüksek doğru cevaplama oranına, orta ve alt grubun ise en yüksek doğru cevaplama oranına bu alt problemde sahip olduğu söylenebilir. Buradan üst grubun üçgenleri kenarlarına göre sınıflandırma konusundan sonra en iyi oldukları konunun, geometrik cisimleri birbirinden ayırt etme ve aralarındaki temel farkları görebilme, ayrıca orta ve alt grubun ise en iyi bildikleri konunun geometrik cisimleri birbirinden ayırt etme ve aralarındaki farkları görebilme olduğu söylenebilir. Bu alt probleme gruplar genel olarak %65 oranında doğru cevap vermişlerdir. Bu tüm grupların geneli

düşünüldüğünde karşımıza çıkan en yüksek değerdir. Bu da bize öğrencilerin genelinin geometrik cisimleri birbirinden ayırt edebildiklerini ve aralarındaki farkları görebildiklerini göstermektedir.

Öğrencilerin açılarına göre üçgen çeşitlerini ne derece bilindiğinin ölçülmesi amacıyla sorulan 4. alt probleme en başarılı grup olan üst grup; tüm alt problemler içindeki en düşük doğru cevaplama oranı olan %40 oranında doğru cevap vermiştir. Bu da bizi üst grubun en az bilgiye sahip olduğu konunun üçgen çeşitleri olduğu sonucuna götürür. Yani iç açıları verilen bir üçgenin ne tür bir üçgen çeşidi olduğu grubun geneli tarafından bilinmemektedir. Aynı alt probleme orta grup %77.3 oranında yanlış cevap vermiştir. Bu değer orta grubun en başarısız olduğu alt problemin 4. alt problem olduğunu bize göstermektedir. Buradan orta grubun yukarda bahsettiğimiz gibi üst grup ile üçgen çeşitleri konusunda aynı sorunlara sahip olduğu sonucuna varabiliriz. Bu alt problemi doğru cevaplama yüzdesi göz önüne alınarak alt grubun %33.7 oranıyla orta gruptan daha başarılı olduğu sonucuna varılabilir. Genel olarak orta grubun altında başarı gösteren alt grup bu değer ile üçgen çeşitlerini orta gruba göre daha iyi bildiğini göstermiştir. Tüm alt problemler içinde en düşük oranda doğru cevaplanan 4. alt problemdir. Buradan öğrencilerin genel olarak üçgen çeşitleri konusunda sorunlar yaşadıklarını söyleyebiliriz. Öğrenciler dar açılı üçgen ile ikizkenar üçgen arasındaki farkı görebilmede yeterli düzeyde başarı gösterememişlerdir. Bu alt problemi oluşturan 1. soruda öğrencilerin üçgen çeşitleri ile ilgili değişik durumlar üzerinde düşünebilmeleri ve sonuç çıkarabilmeleri amaçlanmıştır. Ancak sonuçlar birçok öğrencinin kolaylıkla yapması gereken çıkarımları yapamadıklarını göstermektedir. Bunun sebebinin öğrencilerin ilköğretim I. kademede yeterli bir geometri almamalarından kaynaklanmakta olduğu düşünülmektedir.

Üçgenleri kenarlarına göre sınıflandırabilme bilgisinin ölçülmesi amacıyla sorulan 6. sorunun oluşturduğu 5. alt probleme üst grup %77.3 oranında doğru cevap verilmiştir. Bu orana bakarak üst grubun en yüksek değerde doğru cevapladığı alt problemin 5. alt problem olduğunu söyleyebiliriz. Buradan üst grubun en iyi olduğu konunun üçgenleri kenarlarına göre sınıflandırma olduğu sonucuna varılabilir. Aynı alt probleme orta grup %53.3 oranında doğru cevap vermiştir. Buradan orta gruptakilerin yarısına yakınının ikizkenar üçgen, eşkenar üçgen, dar açılı üçgen ve geniş açılı üçgen kavramlarını bildiği sonucu çıkartılabilir. Bu alt probleme alt gruptaki öğrenciler %40 oranında doğru cevap vermişlerdir. Bu değer bize alt gruptaki öğrencilerin üçgenleri kenarlarına göre sınıflandırmada yetersiz olduklarını göstermektedir.

6. alt problemi oluşturan 18., 19. ve 20. sorular açık uçlu sorulardır. Bu alt probleme her üç grup ortalama olarak %33.2 oranında doğru cevap vermiştir. Bu alt problem gruplar genelinde en düşük oranda doğru cevaplanan alt problemdir. Bu durumun sebebi olarak iki gerekçe öne çıkmaktadır. Bunların ilki, alt problemin ölçmeye çalıştığı; üçgenler ve geometrik cisimler konusundaki problem çözme becerileri bakımından öğrencilerin genelinin yeterli düzeyde olmamasıdır. Bir diğer sebep ise öğrencilerin açık uçlu sorularda soru çözme tekniklerini tam uygulayamamaları, sorunun çözümünü tam olarak ifade edememeleri ve işlem basamaklarını takip etmemeleridir. Üçgenler ve geometrik cisimlerle ilgili sorulan diğer alt problemlere bakıldığında bunların 6. alt probleme göre daha yüksek oranda doğru cevaplanmasının nedeni olarak bu alt problemleri oluşturan soruların çoktan seçmeli sorulardan oluşmuş olmasından kaynaklandığı düşünülmektedir. Açık uçlu sorular o sorunun çözümü hakkında fikir sahibi olanların ve bilgilerini yeni durumlara uygulama becerisine sahip olanların üzerinde uğraşabileceği sorulardır. Açık uçlu soruların yüksek düzeyde cevapsız bırakılmasının nedeni öğrencilerin genelinin bildiği bir bilgiyi kâğıt üzerine dökmede yeterli düzeyde olmadığını göstermektedir.

Tüm alt problemler göz önüne alındığında üst grup %57.4, orta grup %42.8 ve alt grup ise %40.8 oranında başarı göstermiştir. Üst grubun daha başarılı olmasının nedenleri arasında; bu gruptaki öğrencilerin diğer gruplara göre sınıf mevcudu az olan sınıflarda öğrenim görmesi, sınav sistemleri hakkında daha fazla bilgiye ve tecrübeye sahip olmaları, ders kitapları dışında farklı kaynaklardan da yararlanmaları ile genel olarak uyarılmışlık hallerinin daha yüksek olması gösterilebilir. Orta grup ve alt grup arasında belirgin bir fark olmadığı tespit edilmiştir. Orta ve alt grubun başarı düzeylerinin üst gruba göre daha düşük olmasının nedenleri arasında; öğrencilerin çok kalabalık sınıflarda öğrenim görmesi, öğretmenler tarafından sınav teknikleri hakkında yeterince bilgilendirilmemeleri, sadece ders kitaplarından yararlanmanın yeterli olacağını düşünmeleri, derslerde başarılı olmanın neden gerekli olduğunu kavrayamamaları ve sadece bir üst sınıfa geçmek için çaba sarf etmeleri gösterilebilir.

4.3. Test Sonuçlarının Sınıflara Göre Karşılaştırılması

Çizelge 4. 3. Alt problemleri sınıfların doğru cevaplama yüzdeleri

Alt Problem	Sınıflar	Her Sınıfın Doğru Cevaplama Yüzdesi (%)	Sınıfların Ortalama Doğru Cevaplama Yüzdesi (%)
	6. Sınıf	45.3	
1. Alt Problem	7. Sınıf	41.3	44.4
	8. Sınıf	46.7	
	6. Sınıf	51.3	
2. Alt Problem	7. Sınıf	46.7	48.5
	8. Sınıf	47.7	
	6. Sınıf	64	
3. Alt Problem	7. Sınıf	65.9	65
	8. Sınıf	65.3	
	6. Sınıf	32	
4. Alt Problem	7. Sınıf	26.7	33.8
	8. Sınıf	42.7	
	6. Sınıf	54.7	
5. Alt Problem	7. Sınıf	58.7	56.9
	8. Sınıf	57.3	
	6. Sınıf	32.4	
6. Alt Problem	7. Sınıf	34.2	33.2
	8. Sınıf	32.9	

Çizelge 4. 3. te her sınıfın ayrı ayrı ve sınıfların genelinin alt problemlere verdikleri doğru cevapların yüzdeleri verilmiştir. Tüm alt problemler göz önüne alındığında 6. sınıflar %46.6, 7. sınıflar %45.6 ve 8. sınıflar ise %48.8 oranında başarı göstermiştir. Her üç sınıf arasında belirgin olarak bir fark bulunmamaktadır. Yine de 8. sınıfların biraz daha başarılı olmasının nedeni olarak; ilköğretim II. kademenin son sınıf öğrencileri olması ve ayrıca bir ortaöğretim kurumuna yerleşmek için yapılan sınava daha fazla önem vermeleri gösterilebilir. Sınıfların geneli ortalama olarak %47 oranında başarı göstermiştir. Bu da bize öğrencilerin yarısına yakınının hata ve yanılgılara sahip olduğunu göstermektedir.

5. TARTIŞMA VE SONUÇ

5.1. Sonuç

Üçgenler ve geometrik cisimler ile ilgili literatür incelendiğinde, okullarımızda etkin bir şekilde üçgenler ve geometrik cisimler ile ilgili kavramların öğretilmediği ve bu konularla ilgili çoğu kavramda yanılgıların ortaya çıktığı görülmektedir. Bu çalışmada, öğrencilerin üçgenler ve geometrik cisimler konusundaki kavram yanılgıları ve nedenleri incelenmiştir.

Bütün sorulara verilen yanıtlar incelendiğinde Özel Çınar İlköğretim Okulu (Üst grup) öğrencilerinin Sağmalı (Orta grup) ve Karasu (Alt grup) İlköğretim Okulu Öğrencilerine göre daha başarılı oldukları ve kavramların hemen hemen hepsinde daha az yanılgıya düştükleri tespit edilmiştir. Bunun nedenleri Özel Çınar İlköğretim Okulu'nda sınıfların kalabalık olmaması, öğrencilerin derste daha çok soru çözmeleri ve derse daha çok konsantre olup üçgenler ve geometrik cisimler dersini daha çok sevdiklerinden kaynaklandığı düşünülmektedir. Öğrencilerin yapmış oldukları hatalar incelendiğinde, bu hatalara neden olan yanılgıların birçok soruda aynı olduğu tespit edilmiştir. Bu kavram yanılgılarının en önemli nedenlerinden biri; öğrencilerin soyut konular olan üçgenler ve geometrik cisimler konularını zihinlerinde canlandırmalarına, gerçek hayatla ilişki kurarak öğrenmelerine yeterince yardımcı olunmamasıdır. Bunun yerine daha çok ezbere dayalı öğretimin tercih edilmesi doğal olarak bu konular hakkındaki kavram yanılgılarını artırmıştır.

Davranışların iki temel öğesinden biri ulaşılabilirliği, diğeri aralarındaki ilişkidir. Davranışların ulaşılabilirliği, öğrenme-öğretme etkinlikleri gereği gibi gerçekleştirildiği ve ön-şart öğrenmelerinin tamam olması şartıyla sınıftaki öğrencilerin en az %75'i tarafından kazanılabilmesi anlamındadır. Davranışlar arasındaki ilişki de, programdaki davranışların arasındaki öncelik-sonralık ilişkilerinin konu alanının yapısına uygunluğu, bu uygunluk içinde eksik ve fazla davranışların bulunmamasıdır. Buna **programın sağlamlığı** denilebilir (Özçelik, 2010). Bu araştırmada öğrencilerin testteki sorularla ilgili kavram yanılgılarının düzeyi tespit edilirken o soruya verilen doğru cevap yüzdesi dikkate alınmıştır. Bir soru hakkında öğrencilerin hangi düzeyde kavram yanılgısına sahip olduğu belirlenirken ölçüt olarak %75 alınmıştır.

Öğrencilerin üçgenler konusunda geçen kavram, tanım ve genellemeleri birbirleriyle ilişkilendirmeleri ile ilgili sorulan soruların oluşturduğu 1. alt probleme verdikleri cevaplar incelendiğinde öğrencilerin %55.6'sının hatalı olduğu tespit edilmiştir. Bir üçgende iki iç açının kendisine komşu olmayan bir dış açıya eşit olduğunun bilinip bilinmediğine yönelik sorulan 2. soruda öğrencilerin %58.2'si verilen iç açıların komşu olmayan açılarını belirlerken iç açının bütünleri olan açının, o iç açının komşu açısı olmadığı yanılgısına düşmüştür. Dik üçgenle ilgili Pisagor bağıntısı ve kavramların sorulduğu 7., 9. ve 16. sorularda öğrencilerin %59.1'i kenar uzunlukları a, b ve c olan dik üçgende Pisagor bağıntısının daima $a^2=b^2+c^2$ olduğu yanılgısına, dik üçgenin özelliklerini taşıyan üçgenin eşkenar üçgen olduğu yanılgısına ve hipotenüsün tanımıyla ilgili kavram yanılgısına sahip oldukları görülmüştür. Ayrıca üçgenin alan hesabıyla ilgili sorulan 10. soruda öğrencilerin %69.3'ü üçgenin alanının hesaplamak için sadece herhangi iki kenar uzunluğunun verilmesinin yeterli olduğu yanılgısına düşmüşlerdir. Eşkenar üçgenin tanımının sorulduğu 13. soruya öğrenciler %71.6 oranında doğru cevap vermiştir. Bu oran bize öğrencilerin eşkenar üçgen konusunda diğer konulara göre daha az kavram yanılgısına sahip olduklarını göstermektedir.

Öğrencilerin geometrik cisimler konusunda geçen kavram, tanım ve genellemeleri birbirleriyle ilişkilendirmeleriyle ilgili soruların oluşturduğu 2. alt probleme öğrenciler %51.5 oranında yanlış cevap vermişlerdir. Üçgen prizmayı oluşturan doğru parçalarının sorulduğu 12. soruyu öğrenciler %57.3 oranında yanlış cevaplamışlar ve prizmanın herhangi iki köşesinin doğru parçası oluşturduğu yanılgısına düşmüşlerdir. Prizmaların tanımıyla ilgili sorulan 14., 15. ve 17. sorulara verilen cevaplar incelendiğinde öğrencilerin %49.5 oranında kavram yanılgısına düştükleri görülmüştür.

Öğrencilerin geometrik cisimleri birbirinden ayırt etme ve aralarındaki temel farkları görebilmede bilgi eksiklikleri ve kavram yanılgılarını belirlemeye yönelik soruların oluşturduğu 3. alt probleme öğrenciler %35 oranında hatalı cevap vermişlerdir. Prizmaların yüz sayıları ile ilgili sorulan 5. soruda öğrenciler %38.7 oranında yanlış cevap vermişlerdir. Öğrencilerin özellikle prizmaların tabanlarındaki geometrik şekillerin adlarıyla adlandırıldığını bilmedikleri görülmüştür. Kürenin şekil olarak ve eş birim küplerin yandan görünümünün sorulduğu 8. ve 11. sorulara öğrenciler %50.7 ve %44.9 oranlarında yanlış cevaplar verilmiştir. Öğrencilerin genelinin prizma çeşitlerini bildikleri ama şekil olarak birbirleriyle karıştırdıkları ve bu konuda kavram yanılgılarına düştükleri görülmüştür. Dikdörtgenler prizmasının şeklinin ve kare dik piramidin açık halinin sorulduğu, 3. ve 4. sorulara %85.3 ile %74.2 oranında doğru cevap verilmiştir. Buradan öğrencilerin genel olarak geometrik cisimlerin şekil olarak bildikleri ve bu konuda daha az yanılgıya düştükleri söylenebilir.

Öğrencilerin açılarına göre üçgen çeşitlerini kavramalarında ve üçgen çeşitlerini tanımlamada yaptıkları kavram yanılgılarını belirlemek amacıyla sorulan 1. sorunun oluşturduğu 4. alt probleme %66.2 oranında yanlış cevap verilmiştir. Öğrencilerin özellikle verilmeyen açıları bulmadan yorum yaptıklarından dolayı verilen üçgen çeşidini belirlemede hata ve kavram yanılgısına düştükleri görülmüştür.

Öğrencilerin üçgenleri kenarlarına göre sınıflandırmada ve bunlar arasındaki farkları anlayabilme konusunda sahip oldukları hatalar ve kavram yanılgılarını belirlemeye yönelik sorulan 6. sorunun oluşturduğu 5. alt probleme %43.2 oranında yanlış cevap verilmiştir. Öğrencilerin özellikle dar açılı üçgenle, dik açılı üçgeni birbiriyle karıştırdıkları ve 90°'lik açıya sahip üçgenin dar açılı üçgen olduğu yanılgısına düştükleri görülmüştür.

Öğrencilerin üçgenler ve geometrik cisimler konusuyla ilgili problem çözmede kavram yanılgılarını tespit etmeye yönelik sorulan soruların oluşturduğu 6. alt probleme %33.2 oranında yanlış cevap verilmiştir. Piramit ve prizma çeşitlerinin adlarının sorulduğu 18. soruya %53.8 oranında yanlış cevap vermişlerdir. Öğrenciler bu soruya cevap olarak dörtgen çeşitlerini yazmışlardır. Prizma ve piramit çeşitlerinin adlarının yazılması istenmişken, öğrenciler dörtgenlerin adlarını yazarak hata ve yanılgıya düşmüşlerdir. Üçgenin iç açılarının toplamının sürekli 180° olduğunun öğrenciler tarafından bilinip bilinmediği amacıyla sorulan 19. soruya %84.4 oranında yanlış cevap verilmiştir. Öğrenciler bir üçgenin iç açılarının toplamını bilirken bu üçgenin tam ortadan ikiye bölünmesiyle oluşan üçgenin iç açılarının toplamının 90° olduğunu düşünerek hata ve kavram yanılgısına düşmüşlerdir. İç açıları verilen bir üçgenin kenar uzunluklarının sıralanmasının istendiği 20. soruya %69.8 oranında yanlış cevap vermişlerdir. Öğrenciler kenar uzunluklarını sıralamak yerine zaten değerleri verilmiş olan iç açıları sıralayarak hata ve kavram yanılgısına düşmüşlerdir. Burada öğrenciler özellikle açı ile kenar uzunluklarını birbirleriyle karıştırarak kavram yanılgısına düşmüşlerdir.

Öğrencilerin büyük bir çoğunluğunun bu yanılgılara sahip olduğu anlaşılmaktadır. Bu kavram yanılgılarının en önemli nedeni; öğrencilere dar kapsamlı bir görüş açısının kazanılmasından kaynaklanmaktadır. Öğrenciler üçgenler ve geometrik cisimler konusunu soyut birer tanım olarak algılamakta ve derslerini kavram haritaları ile işlememektedirler. Öğrencilerin eksiklikleri ve yanlış anlamaları eğitim süreci içinde not olarak değerlendirileceği için, bu eksiklikler ve yanılgılar bütün okul hayatı boyunca öğrencinin başarısızlığı olarak karşısına çıkacaktır. Oysa doğru olan, hedef ve davranışlarla öğrencinin düzeyi arasındaki farklılıkların belirlenmesi ve bu farklılıklar dikkate alınarak yeni öğretim ortamlarının oluşturulmasıdır.

Caymaz (2006), Özbellek (2003) ve Kiriş (2008) yaptıkları araştırmalarda benzer kavram yanılgılarını tespit etmişlerdir. Caymaz (2006) yaptığı araştırmada öğrencilerin üçgenlerle ilgili soruları çözerken bildikleri tanımları eksik ve yanlış uyguladıklarını, üçgenlerle ilgili verilmeyen bağıntıları soru çözümünü kolaylaştırmak için o bağıntı verilmiş gibi saydıklarını belirtmiştir. Özbellek (2003) öğrenciler tarafından; açı, açısal bölge ve komşu açı kavramlarının bilinmediğini tespit etmiştir. Kiriş (2008) ise geometrik kavramların tam olarak bilinmediğini ve bu kavramlar arasında ilişki kurma konusunda öğrencilerin yetersiz kaldığını belirtmiştir.

5.2. Öneriler

Öğrencilerin üçgenler ve geometrik cisimler ile ilgili kavram yanılgıları bulunmakta ve çoğu öğrencinin üçgenlerde açı ile kenar kavramını, geometrik cisimlerde ise var olan kavramları birbirleriyle karıştırdıkları görülmüştür. Öğrencilerdeki bu yanılgıları yok etmek için ilköğretimin ilk basamaklarında öğrenciye konu tam olarak kavratılmalı, çeşitli etkinliklerle tam öğrenme sağlanmalıdır. Ayrıca bu yanılgıların giderilmesi için öğretmenler, konuyla ilgili günlük hayatta kullanılan çeşitli araç gereçlerden faydalanarak üçgenler ve geometrik cisimler konusunu öğrencinin zihninde görselleştirerek kavratabilirler. Öğretmen yeni bir konu anlatmadan önce öğrencilerin konu ile ilgili bilgilerini kontrol etmeli, öğrencilerin yapmış olduğu hata ve kavram yanılgıları varsa tespit etmeli ve giderilmesi için ön bilgiler vererek konuya başlamalıdır. Öğrencilere problem çözme konusunda daha fazla uygulama yaptırılmalı, örnekler verirken günlük hayattan seçilmelidir.

Günümüzde örgün öğretim kurumlarında matematik derslerine karşı öğrencilerin çoğunda aşırı bir önyargı ve korku olduğu bilinmektedir. Bu ise öğrenciyi psikolojik olarak çökertmekte ve öğrenciyle olan iletişim yollarını kapatmaktadır. Öğrenciler matematik dersinde karşılaştıkları soyut kavramlar ile korkularını birleştirerek matematik dersinin başarılamaz bir ders olduğunu düşünmekte ve kabullenmektedirler. Bu durum da doğal olarak başarıyı olumsuz etkilemektedir. İlköğretim I. kademede matematik dersleri, matematik eğitimi almış eğitimciler tarafından verilmeli ve bu dersi sevdirmek için tüm öğretim metotları kullanılmalı, amaç matematik başarısı kadar matematiğe karşı olan önyargı ve korkuların yok olması ve bu dersin sevdirilmesi olmalıdır.

Matematikteki kavramların çoğu soyut kavramlardır ve soyut kavramları öğrencilerin anlaması daha zordur. Burada en büyük görev öğretmenlere düşmektedir. Öğretmenler derslerde var olan araç ve gereçlerin yanında teknolojiyi de kullanarak derse görsellik katmalı, soyut olan kavramları somut hale getirmeye çalışmalıdır. Bu araç ve gereçler yeri geldiğinde öğretmen ve öğrenciler tarafından kolayca ulaşılabilmelidir. Okullarda bilgi teknoloji sınıfları kurulması hızla yaygınlaşmalı ve mümkünse her sınıfın kendine ait bilgisayarı ve projeksiyon aleti olmalıdır. Böylece öğretmen ve öğrenciler matematik alanında mevcut olan değişik kaynaklara rahat bir şekilde ulaşabilir ve gelişmeler takip edilebilir. Okullarda sınıf mevcutları mümkün olduğunca azaltılmalı ve her branşın kendi dersliği olmalıdır.

Öğrencilerin okul dışında da matematik etkinlikleriyle uğraşması matematiksel kavramların daha iyi anlaşılmasına yardım etmektedir. Okullarda matematik kulüpleri oluşturulabilir ve öğrencilerin bu kulüplere aktif olarak katılımı sağlanabilir.

KAYNAKLAR

Açıkgöz, K., 2003. ***Aktif Öğrenme,*** Eğitim Dünyası Yayınları, İzmir.

Akuysal, N., 2007. ***İlköğretim 7. Sınıf Öğrencilerinin 7. Sınıf Ünitelerindeki Geometrik Kavramlardaki Yanılgıları,*** Yüksek Lisans Tezi, Selçuk Üniversitesi, Fen Bilimleri Enstitüsü, Konya.

Alkan, H., Altun, M., 1998. ***Matematik Öğretimi,*** Anadolu Üniversitesi Yayınları,NO:1072. Eskişehir.

Alkan, R., 2009. ***İlköğretim 7. Sınıf Öğrencilerinin Matematik Dersi Rasyonel Sayılar Konusu İle İlgili Hata ve Kavram Yanılgılarının Analizi,*** Yüksek Lisans Tezi, Gazi Üniversitesi, Eğitim Bilimleri Enstitüsü, Matematik Anabilim Dalı, Ankara.

Altun, M., 1998. ***Eğitim Fakülteleri Ve İlköğretim Öğretmenleri İçin Matematik Öğretimi,*** Alfa Yayıncılık, İstanbul.

Altun M., 2004. ***Matematik Öğretimi,*** Alfa Yayıncılık, İstanbul.

Ardahan, H., Ersoy, Y. 2002. ***İlköğretim Okullarında Kesirlerin Öğretimi I: Öğrencilerin Öğrenme Güçlükleri ve Ortak Yanlışlıkları.*** *Matematik etkinlikleri-2002 Bildiri Kitabı.* Matematikçiler Derneği Yay., Ankara.

Ayas, A., Demirbaş, A., 1997. ***Turkish Secondary Students' Conceptions of Introductory Chemistry Concepts. Journal of Chemical Education.*** V.74, N.5. 1997:518-521.

Aydoğan, S., Güneş, B., Gülçiçek, Ç., 2003. ***Isı ve Sıcaklık Konusunda Kavram Yanılgıları,*** Gazi Üniversitesi, Eğitim Fakültesi Dergisi Cilt 23, Sayı 2, 111-124

Aydoğdu, Ö., 2007. ***İlköğretim 6. Sınıf Matematik Dersi Geometri Öğrenme Alanının Değerlendirilmesine İlişkin Öğretmen Görüşleri,*** Yüksek Lisans Tezi, Gazi Üniversitesi, Eğitim Bilimleri Enstitüsü, Ankara.

Bahar, M., Nartgün, Z., Durmuş, S., Bıçak, B., 2006. ***Geleneksel-alternatif ölçme ve değerlendirme teknikleri öğretmen el kitabı.*** Ankara: Pegem A Yayıncılık.

Baki, A., Bell, A., 1997. ***Ortaöğretim Matematik Öğretimi,*** 1. Cilt. YÖK / Dünya Bankası Milli Eğitimi Geliştirme Projesi Hizmet Öncesi Öğretmen Eğitimi, Ankara.

Baki, A., 1999. ***Cebirle İlgili İşlem Yanılgılarının Değerlendirilmesi.*** III. Fen Bilimleri Eğitimi Sempozyumu. 23-25 Eylül 1998. Karadeniz Teknik Üniversitesi, Trabzon M.E.B. ÖYGM. 46- 55.

Baki, A., 2001. ***Bilişim Teknolojisi Işığı Altında Matematik Eğitiminin Değerlendirilmesi,*** Milli Eğitim Dergisi, Sayı: 149, S. 26-31

Baykul, Y., 1998. ***İlköğretim Birinci Kademede Matematik Öğretimi,*** Milli Eğitim Basımevi, İstanbul.

Baykul, Y., 1999. ***İlköğretimde Matematik Öğretimi,*** Öğretmen El Kitabı, Modül 6. Milli Eğitim Yayınları, Ankara.

Baykul, Y., 2000. ***İlköğretimde Matematik Öğretimi,*** Pegem A Yayıncılık, Ankara.

Baykul, Y., 2002. ***İlköğretimde Matematik Öğretimi (6. ve 8. Sınıflar İçin),*** Pegem A Yayıncılık, Ankara.

Bloom, B., 1979. ***İnsan Nitelikleri ve Okulda Öğrenme,*** Çeviren: D.A. Özçelik, Milli Eğitim Basımevi, Ankara.

Bruner, j., 1991. ***Bir Öğretim Kuramına Doğru,*** Çeviren: F. Varış - T.Gürkan, Milli Eğitim Basımevi, Ankara.

Büyükkaragöz, S. S., Çivi, C., 1997. ***Genel Öğretim Metodları,*** Öz Eğitim Yayınları, İstanbul.

Caymaz, B., 2006. ***"Öğrenci Seçme Sınavına Hazırlanan Öğrencilerin 'Üçgensel Bölgelerin Alanları' Konusunda Yaptıkları Hatalar ve Kavram Yanılgıları",*** Eğitimde Çağdaş Yönelimler III: "Yapılandırmacılık ve Eğitime Yansımaları Sempozyumu" 333- 337.

Charles, S., 2003. ***Öğretmenler için Piaget İlkeleri,*** Çeviren: D.A. Özçelik, Nobel Yayın Dağıtım, Ankara.

Çakır, S.Ö., Yürük, N. 1999. ***Oksijenli ve Oksijensiz Solunum Konusunda Kavram Yanılgıları Teşhis Testinin Geliştirilmesi ve Uygulanması.*** III. Fen Bilimleri Eğitimi Sempozyumu. 23-25 Eylül 1998. Karadeniz Teknik Üniversitesi, Trabzon. M.E.B. ÖYGM.193- 198.

Çelikkaya, H., 1976. ***Eğitime Giriş,*** Alfa Basın Yayın Dağıtım, İstanbul.

Çetin, Ö. F., Dane, A. 2004. ***"Sınıf Öğretmenliği III. Sınıf Öğrencilerinin Geometrik Bilgilere Erişi Düzeyleri Üzerine",*** Kastamonu Eğitim Dergisi, Ekim 2004, 12: 2 427- 436.

Develi H.M., Orbay, K., 2003. ***İlköğretimde Niçin ve Nasıl Bir Geometri Öğretimi,*** Milli Eğitim Dergisi Kış 2003, Sayı:157.

Dewey, J., 1987. ***Özgürlük ve Kültür,*** Çeviren: V. Günyol, Remzi Kitapevi, İstanbul.

Dönmez, A., 2002. ***Matematiğin Öyküsü ve Serüveni, Matematik Sözlüğü:*** cilt 1. Toplumsal Dönüşüm Yayınları, No: 190, İstanbul.526.

Erdem, M., 1998. ***Öğretmenlik Mesleğine Giriş,*** Aklın Yayınları, İstanbul.

Erden, M., Akman, Y., 2000. ***Gelişim, Öğrenme ve Öğretme,*** Arkadaş Yayınları, Ankara.

Eric D., 1989. Hispanic and Anglo Students' Misconceptions in Mathematics. http://ericae.net/ED313192.htm (Erişim Tarihi: 22. 06. 2010)

Erol (Kamışlı), F., 2008. ***İlköğretim 8. Sınıf Öğrencilerinin Çember ve Daire Konularına Yönelik Matematiksel Becerilerinin Değerlendirilmesi,*** Yüksek Lisans Tezi, Gazi Üniversitesi, Eğitim Bilimleri Enstitüsü, Ankara.

Ertürk, S., 1982. ***Eğitimde "Program" Geliştirme,*** Yelkentepe Yayınları, Ankara.

Feyzioğlu, B., 2006. ***Farklı Öğrenme Süreçlerinin Temel Kimya Öğretilmesinde ve Kavram yanılgılarının Giderilmesinde Kıyaslamalı Olarak Uygulanması,*** Doktora Tezi, Dokuz Eylül Üniversitesi Eğitim Bilimleri Enstitüsü, İzmir.

Fidan, N., 1985. ***Okulda Öğrenme ve Öğretme.*** Alkım Yayınevi, Ankara.

Fidan N., 1986. ***Okulda Öğrenme Ve Öğretme,*** Kadıoğlu Matbaası, Ankara.

Fidan, N., 1991. ***Öğrenme ve Öğretme,*** Rehber Dağıtım,Ankara.

Gözen, Ş., 2001. ***Matematik ve Öğretimi,*** Evrim Yayınevi, No: 18, İstanbul. 328.

Güçlüer, E., 2006. ***İlköğretim Fen Bilgisi Eğitiminde Kavram Haritaları İle Verilen Bilişsel Desteğin Başarıya Hatırda Tutmaya ve Fen Bilgisi Dersine İlişkin Tutuma Etkisi,*** Yüksek Lisans Tezi, Dokuz Eylül Üniversitesi, Eğitim Bilimleri Enstitüsü, İlköğretim Anabilim Dalı, Fen Bilgisi Öğretmenliği Programı, İzmir.

Gültekin, H., 2010. ***Trigonometri Konusunda Öğrencilerin Sahip Olduğu Öğrenme Güçlüklerinin ve Kavram Yanılgılarının Tespit Edilmesi,*** Yüksek Lisans Tezi, Atatürk Üniversitesi, Fen Bilimleri Enstitüsü, Erzurum.

Güneş, B., 2007. Kişisel Web Sayfası. Fizikteki Kavram Yanılgıları. ***<http://w3.gazi.edu.tr/~bgunes/files/kavramyanilgilari/kavramyanilgilari.html>*** (Erişim Tarihi: 09. 07. 2010)

Güngörmüş, L., 2002. ***Ortaöğretim Matematik Öğretiminde Kavram (Doğru,Işın, Doğru Parçası ve Çember) Yanılgıları,*** Yüksek Lisans Tezi, Atatürk Üniversitesi, Fen Bilimleri Fakültesi, Erzurum.

Kalaycı, N., 2005. ***İki Boyutlu Görsel Materyaller,*** Nobel Yayın Dağıtım, Ankara.

Kaptan, F., Korkmaz, H., 2000. ***Yapılandırmacılık Kuramı ve Fen Öğretimi,*** Çağdaş Eğitim, Sayı: 265, S: 22-27, Mayıs.

Karaçay, T., 1985. ***Orta Öğretim Kurumlarında Matematik Öğretimi Ve Sorunları,*** Türk Eğitim Derneği, Ankara.

Karapür, İ., 2002. ***Van'daki Liselerde Olasılık Öğretiminde Görülen Kavram Yanılgıları,*** Yüksek Lisans Tezi, Yüzüncü Yıl Üniversitesi, Fen Bilimleri Enstitüsü, Van.

Kaşlı, A. F., 2002. ***Kavram Haritaları.*** Ege Üniversitesi Eğitim Dergisi,1:127-136. İzmir.

Kaya, R., 2004. Geometrinin Kısa Tarihçesi. ***http://www.matder.org.tr/bilim/rkggg.asp?ID=71*** (Erişim Tarihi: 15. 09. 2010)

Kiriş, B., 2008. ***İlköğretim 6. Sınıf Öğrencilerinin 'Nokta, Doğru, Doğru Parçası, Işın ve Düzlem' Konularında Sahip Oldukları Kavram Yanılgıları ve Bu Yanılgı Nedenlerinin Belirlenmesi,*** Yüksek Lisans Tezi, Adnan Menderes Üniversitesi, Sosyal Bilimler Enstitüsü, Aydın.

Kılıç, Ç., 2003. ***İlköğretim 5. Sınıf Matematik Dersinde Van Hiele Düzeylerine Göre Yapılan Geometri Öğretiminin Öğrencilerin Akademik Başarıları, Tutumları ve Hatırda Tutma***

Düzeyleri Üzerindeki Etkisi, Yüksek Lisans Tezi, Anadolu Üniversitesi Eğitim Bilimleri Enstitüsü, Eskişehir.

Kılıç, D., Sağlam, N. 2004. ***Biyoloji Eğitiminde Kavram Haritalarının Öğrenme Başarısına ve Kalıcılığına Etkisi,*** Hacettepe Üniversitesi Eğitim Fakültesi Dergisi, Sayı 27, Ankara.

Kızıloluk, H., 2002. ***Öğretmenlik Mesleğine Giriş,*** Mikro yayınları, Ankara.

Korkmaz, H., 2004. ***Fen ve Teknoloji Eğitiminde Alternatif Değerlendirme Yaklaşımları,*** Yeryüzü Yayınevi, Ankara.

Köse, S., Ayas, A., Taş, E., 2003. ***Bilgisayar Destekli öğretimin Kavram Yanılgıları Üzerine Etkisi:*** Fotosentez. Pamukkale Üniversitesi Eğitim Fakültesi Dergisi, 14(2), 106–112.

Küçük, A., Demir, B., 2009. ***İlköğretim 6-8. Sınıflarda Matematik Öğretiminde Karşılaşılan Bazı Kavram Yanılgıları Üzerine Bir Çalışma,*** Dicle Üniversitesi Ziya Gökalp Eğitim Fakültesi Dergisi 13, 97-112

Luchins, H., Luchins, S., 1983. Abstracts Of Papers Presented At TheProceedıngs Of The Mısconceptıons In Scıence And Mathematıcs. Cornell University. USA. Meaningful Learning Research Group Publications, ***http://www2.ucsc.edu/mlrg/mlrgarticles.html*** (Erişim Tarihi: 18. 11. 2010)

Mason, M. M., 1989. ***Geometric Understanding and Misconceptions Among Gifted Fourth-Eighth Graders,*** American Educational Research Association: San Fransisco, CA, March 27- 31.

MEB, 1976. ***Türk Ansiklopedisi,*** Milli Eğitim Basımevi, Ankara.

MEB, 1991. ***5+3=8 İlköğretim Matematik Programı,*** Milli Eğitim Basımevi, İstanbul.

MEB, 1999. ***İlköğretim Okulu Matematik Dersi Öğretim Programı,*** Kocaoluk Yayıncılık, Ankara.

MEB, 2004. Müfredat Geliştirme Süreci. ***http://ttkb.meb.gov.tr/programlar/prog_giris/prog_giris_1.html*** (Erişim Tarihi: 04. 12. 2010)

MEB (Millî Eğitim Bakanlığı), 2005. ***İlköğretim Matematik Dersi (1–5) Öğretim Programı,*** Devlet Kitapları Müd. Bas. Evi, Ankara.

Novak, J., Gowin, D.B., 1984. ***Learning How to Learn,*** Cambridge University Press.

Özbellek, S., 2003. ***İlköğretim 6. ve 7. Sınıf Düzeyindeki Açı Konusunda Karşılaşılan Kavram Yanılgıları, Eksik Algılamaların Tespiti ve Giderilme Yöntemleri*** (Yüksek Lisans Tez). DEÜ. Eğitim Bilimleri Enstitüsü, İzmir.

Özçelik, D.A., 2010. ***Okullarda Ölçme ve Değerlendirme.Öğretmen El Kitabı.*** APegem Akademi. Ankara.

Özerdem, E., 2007. ***Lisans Düzeyinde Analitik Geometri Dersindeki Kavram Yanılgılarının Belirlenmesi ve Giderilmesine Yönelik Bir Araştırma,*** Yüksek Lisans Tezi, Dokuz Eylül

Üniversitesi, Eğitim Bilimleri Enstitüsü, Orta Öğretim Fen ve Matematik Alanlar Eğitimi Anabilim dalı, İzmir.

Özsoy, N., Kemankaşlı, N., 2004. ***Ortaöğretim Öğrencilerinin Çember Konusundaki Temel Hataları ve Kavram Yanılgıları.*** The Turkish Online Journal of Educational Technology – TOJET, V.3, N.4. Article 19.

Öztürk Deniz, F., 2003. ***Lise 1 Coğrafya Derslerinde Kavram Haritalarının Başarıya Etkisi,*** Yüksek Lisans Tezi, Gazi Üniversitesi, Eğitim Bilimleri Enstitüsü, Coğrafya Anabilim Dalı, Ankara.

PUSEY, E. L., 2003. ***"The Van Hiele Model Of Reasoning InGeometry: A Literature Review",*** (Yayımlanmamış Yüksek Lisans Tezi), North Carolina Universty, North Caroline.

Saban, A., 2004. ***Öğrenme Öğretme Süreci,*** Nobel Yayın Dağıtım, Ankara.

Senemoğlu, N., 2001. ***Gelişim Öğrenme ve Öğretme,*** Gazi Kitapevi, Ankara.

Sönmez, V., 2001. ***Eğitim Araştırmaları Dergisi,*** Sayı:3-4, Mart, Anı yayıncılık, Ankara.

Soon, Y.P., 1989. ***An Investigation of Van Hiele-Like Levels of Learning inTransformation Geometry of Secondary School Students in Singapore,***.The Florida State Universty College of Education.

Stepans, J. 1996. ***Targeting Students' Science Misconceptions: Physical Science Concepts Using the Conceptual Change Model.*** Riverview, Fla.: Idea Factory

Şengül, Ş., Dereli, M., 2006. ***Geometrinin Temel Kavramları Hakkında İlköğretim 6. Sınıf Öğrencilerinin Kavram Görüntüleri,*** Marmara üniversitesi, İlköğretim Matematik Ana Bilim Dalı, İstanbul.

Toper, Ö., 2002. Öğreniyoruz Ama Nasıl? http:www.enocta.com/tr/kaynaklar, makale, detay.asp?url=192. (Erişim Tarihi: 19. 01. 2011)

Türk Dil Kurumu. 2000. ***Matematik Terimleri Sözlüğü,*** Ankara.

Türk Dil Kurumu, 2005. Türkçe Sözlük, www.tdk.org.tr/tdksozluk (Erişim Tarihi: 23. 01. 2011)

Ubuz, B., 1999. ***10. ve 11. Sınıf Öğrencilerinin Geometride Kavram Yanılgıları ve Cinsiyet Farklılıkları,*** Dokuz Eylül Üniversitesi Buca Eğitim Fakültesi Dergisi. Özel Sayı:11. Sf:179–184.İzmir.

Varış, F., 1985. ***Eğitim Bilimine Giriş,*** A.Ü. Eğitim Fakültesi Yayını, Ankara.

Yenilmez, K. ve Yaşa, E., 2008. ***İlköğretim Öğrencilerinin Geometrideki Kavram Yanılgıları,*** Uludağ Üniversitesi, Eğitim Fakültesi Dergisi XXI (2), 2008, 461-483.

Yılmaz, Ö., Tekkaya, C., Geban, Ö., Özden, Y. 1999. ***Lise 1. Sınıf Öğrencilerinin Hücre Bölünmesi Ünitesindeki Kavram Yanılgılarının Tespiti ve Giderilmesi.*** III. Fen Bilimleri Eğitimi Sempozyumu. M.E.B. ÖYGM.

EKLER

EK 1

Değerli öğrenciler bu test aracılığıyla bir araştırmaya veri toplamak üzere bilgilerinize başvurulmaktadır. Vereceğiniz cevaplar için teşekkür eder derslerinizde başarılar dilerim.

Serdar BARAN, Fen Bilimleri Enstitüsü

Okulunuz

( ) Sağmalı İlköğretim Okulu ( ) Karasu İlköğretim Okulu

( ) Özel Çınar İlköğretim Okulu

Sınıfınız

( ) 6. sınıf ( ) 7. sınıf ( ) 8. sınıf

ÜÇGENLER VE GEOMETRİK CİSİMLER
ÇOKTAN SEÇMELİ TEST

Aşağıda verilen 1. – 14. sorularda doğru bildiğiniz seçeneği işaretleyiniz.

S.1) Aşağıdaki üçgenlerden hangisinin kenar uzunluğu **doğru olamaz?**

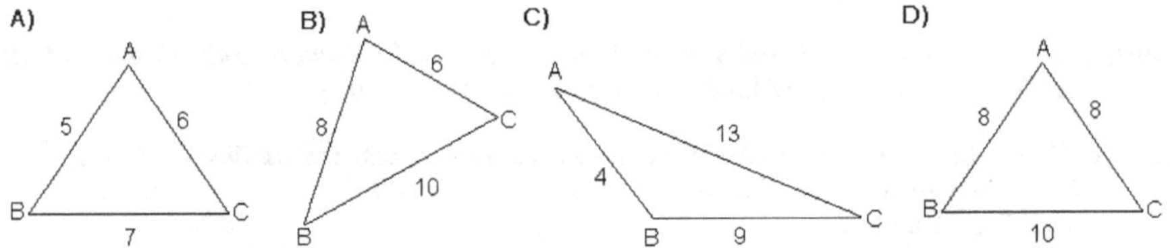

S.2)

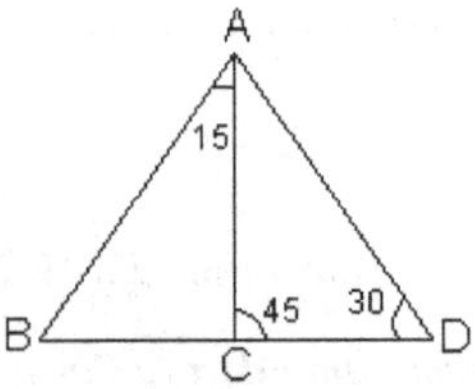

Yanda verilen üçgene göre aşağıdakilerden **hangisi doğrudur?**

A) ACD dar açılı bir üçgendir.
B) ABD ikizkenar bir üçgendir.
C) ABC ikizkenar bir üçgendir.
D) ABC dar açılı bir üçgendir.

S.3) "Bir üçgende iki iç açının toplamı kendisine komşu olmayan bir dış açıya eşittir." Buna göre aşağıdaki üçgenle ilgili verilen bağıntılardan **hangisi yanlıştır?**

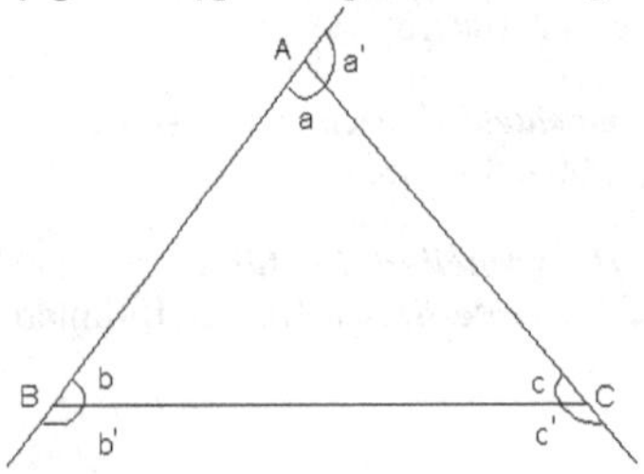

A) $a+b=c^1$
B) $a+c=b^1$
C) $b+c=a^1$
D) $a+c=c^1$

S.4) Aşağıdaki şekillerden hangisi dikdörtgenler prizmasıdır?

A)

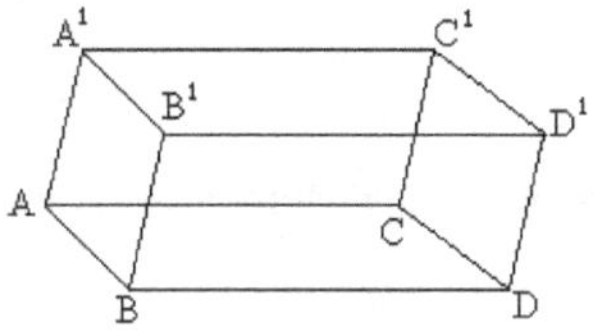

B)

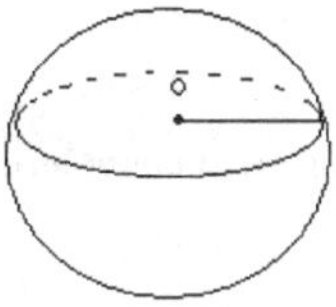

C)

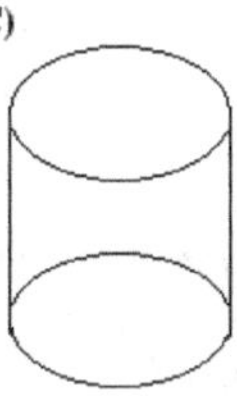

D)

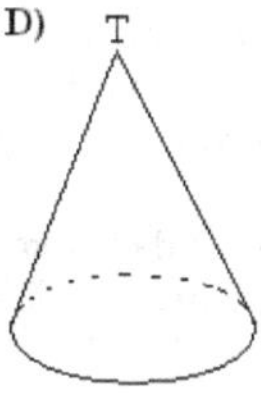

S.5) Aşağıdaki silindirin hacmi koninin hacminin kaç katıdır?

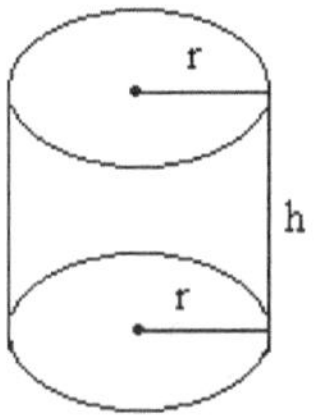

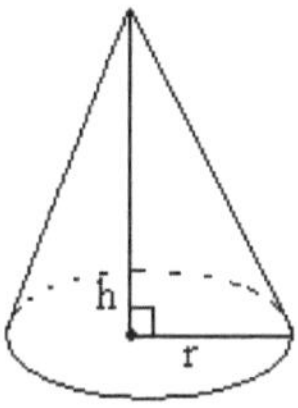

A) 2 katıdır
B) 3 katıdır
C) 4 katıdır
D) 5 katıdır

S.6) Aşağıdaki kare dik piramidin açılmış hali aşağıdaki geometrik cisimlerden hangisidir?

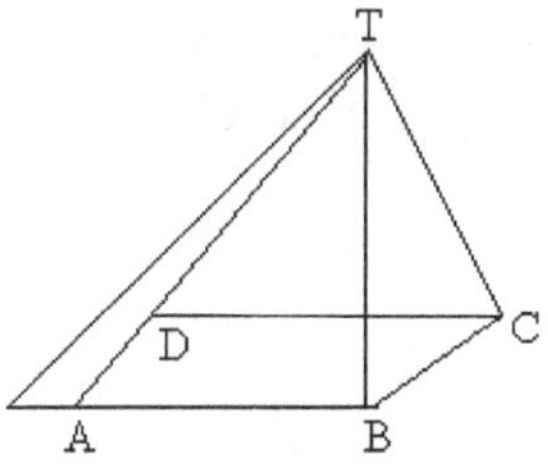

A)

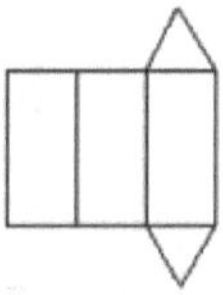

B)

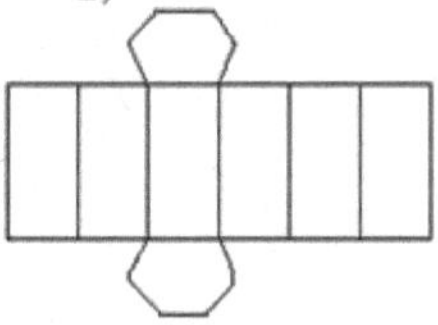

C)

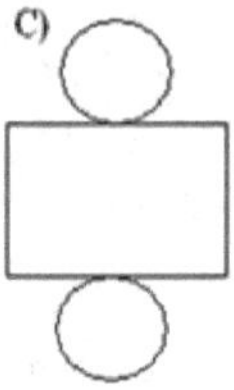

D)

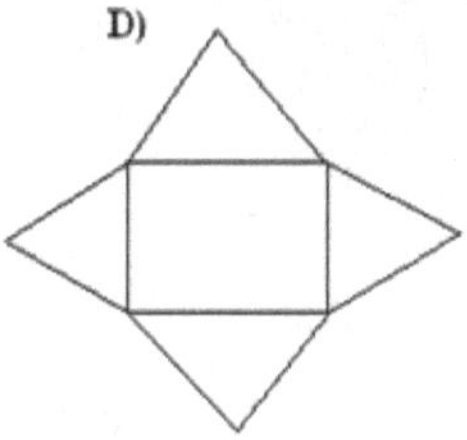

S.7) Aşağıdaki prizmalardan hangisinin yüz sayısı **diğerlerinden fazladır?**
A) Küp
B) Kare prizma
C) Dik üçten prizma
D) Düzgün altıgen prizma

S.8) Aşağıda kenarlarına göre sınıflandırılmış olan üçgenlerin hangisinin adlandırılmasında hata yapılmıştır?

A)
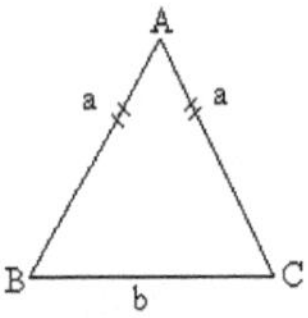

İkizkenar Üçgen

B)
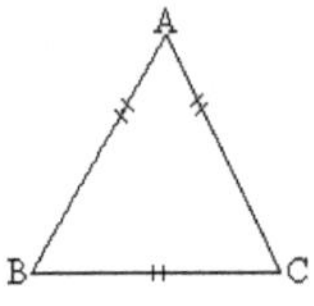

Eşkenar Üçgen

C)
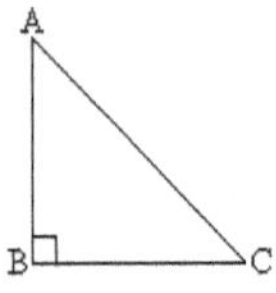

Dar Açılı Üçgen

D)
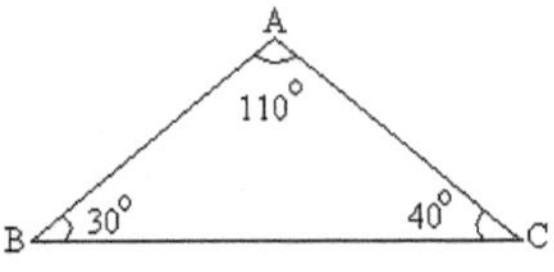

Geniş Açılı Üçgen

S.9) Aşağıda verilen üçgenlerden hangisinde Pisagor bağıntısı yanlış verilmiştir?

A)
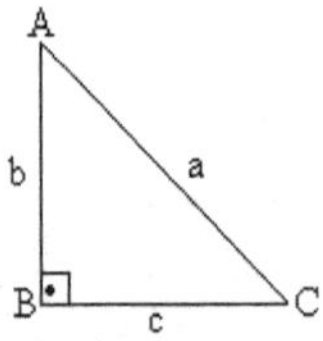

$a^2=b^2+c^2$

B)
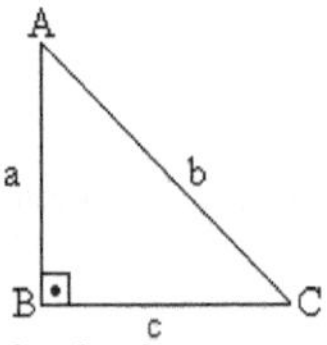

$a^2=b^2+c^2$

C)
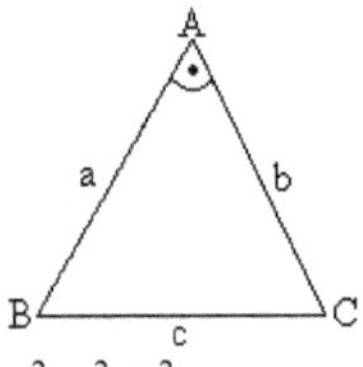

$c^2=a^2+b^2$

D)
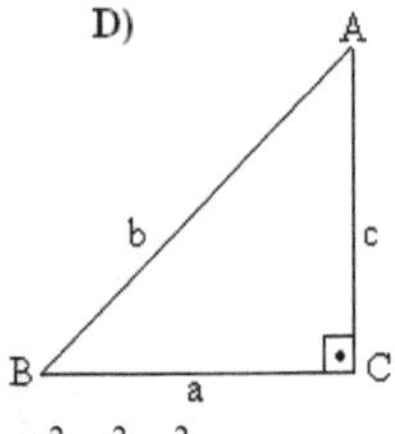

$b^2=a^2+c^2$

S.10) Aşağıdakilerden hangisi küredir?

A)
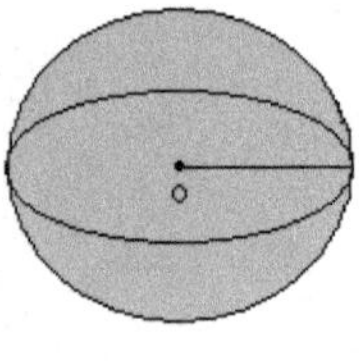

B)
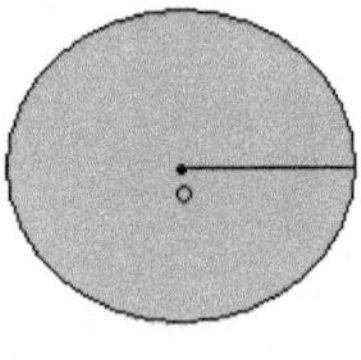

C)
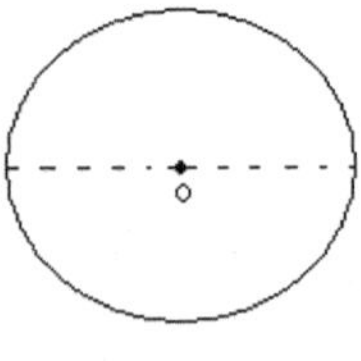

D)
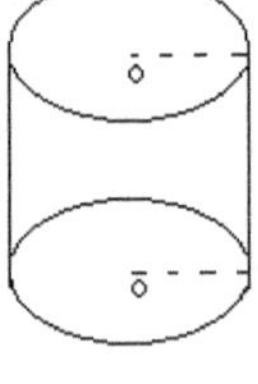

S.11)
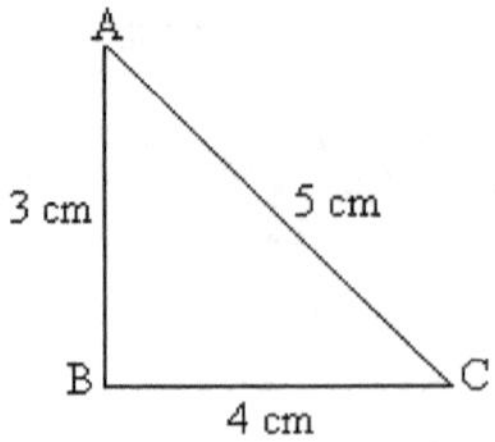

Yanda verilen ABC üçgeni ile ilgili olarak verilenlerden hangisi yanlıştır?

A) ABC dik üçgendir
B) S(B)=S(A)+S(C)'dir
C) ABC eşkenar üçgendir
D) $|AB|^2+|BC|^2=|AC|^2$ 'dir

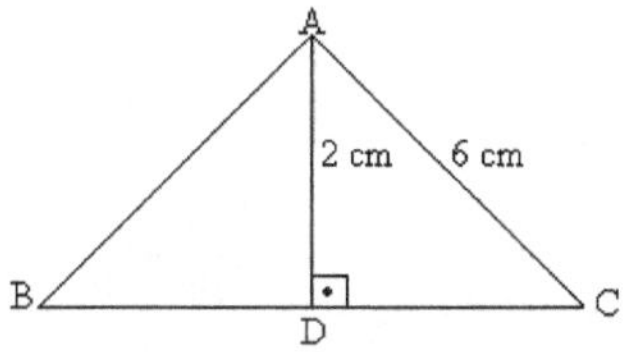

S.12) "Yandaki ABC üçgeninde $|AD| = 2\,cm$ ve $|AC| = 6$ cm ise bu üçgenin alanı kaç cm^2'dir?" sorusunun çözümü için aşağıdaki durumlardan hangisi geçerlidir?

A) Üçgenin bir kenarının daha uzunluğu verilmelidir.
B) BC kenarının uzunluğu verilmelidir.
C) AB kenarının uzunluğu verilmelidir.
D) Verilen bilgiler yeterlidir.

S.13) 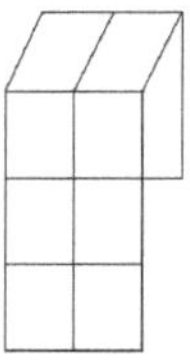

Yandaki eş birim küplerden oluşan cismin yandan görünümü aşağıdakilerden hangisidir?

A) 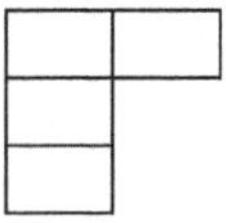

B) 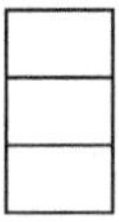

C) 

D) 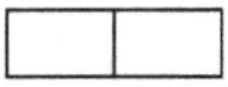

S. 14) Şekildeki üçgen prizma modeli oluşturulurken aşağıdaki doğru parçalarından hangisi **kullanılmamıştır?**

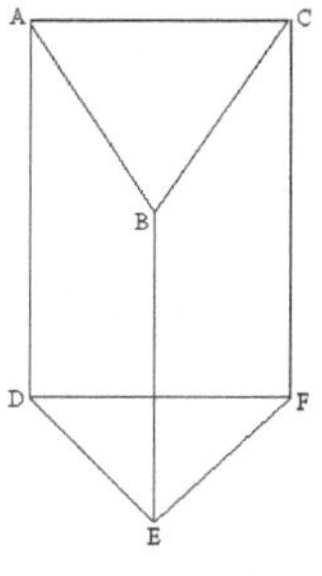

A) $[AB]$ B) $[AD]$ C) $[EF]$ D) $[CE]$

DOĞRU – YANLIŞ TESTİ

Aşağıda verilen 15. – 19. sorulardaki ifadeler doğru ise "Doğru", yanlış ise "Yanlış" kelimesini yuvarlak içine alınız.

S. 15) "Tüm kenarları eşit uzunlukta ve iç açıları 60°'ar olan üçgene eşkenar üçgen denir.

Doğru **Yanlış**

S. 16) "Prizmalar yanal yüzleri dikdörtgensel bölge olan üç boyutlu cisimlerdir."

Doğru **Yanlış**

S. 17) "Kare veya dikdörtgen bir kenarı etrafında 360° döndürülürse koni oluşur."

Doğru **Yanlış**

S. 18) "Dik üçgende 90°'lik açının karşısındaki kenar hipotenüstür."

Doğru **Yanlış**

S. 19) "Piramitler, tabanlarında bulunan geometrik şeklin adıyla adlandırılırlar."

Doğru **Yanlış**

AÇIK UÇLU TEST

Aşağıdaki 20. – 25. soruların çözümlerini altlarındaki kutulara yapınız.

S. 20) Yandaki ABC üçgeninde
$S(\hat{A}) > 90^o$
$|BC| = 7$ cm ise $|AB|$ tamsayı olarak en çok kaç cm olabilir?

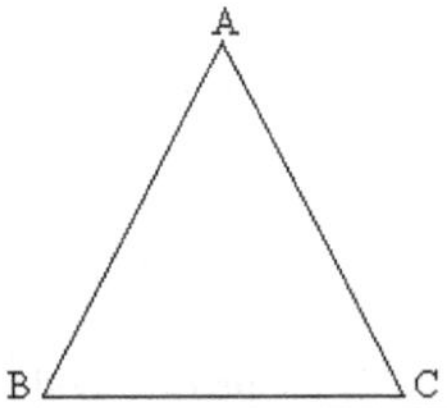

C.20)

S. 21) Şekilde verilenlere göre X'in alabileceği kaç tam sayı değeri vardır?

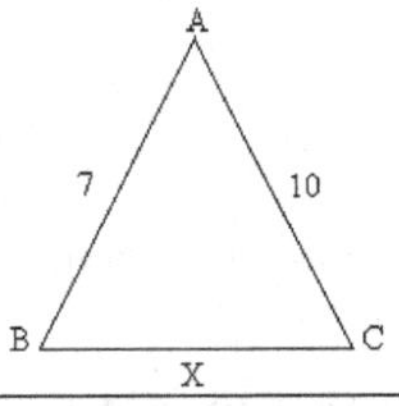

C.21)

S.22) Bildiğiniz prizma ve piramit çeşitlerinin adlarını aşağıya yazınız.

C.22)

S.23) Bir ayrıntının uzunluğu 3 katına çıkarılan bir küpün hacmi kaç katına çıkar?

C.23)

S. 24)

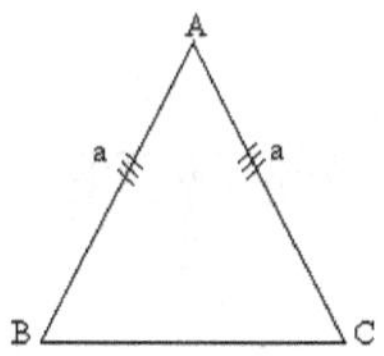

Yanda verilen ABC üçgeninin iç açıları toplamı 180°'dir. Buna göre ABC üçgeninin yarısı olan aşağıdaki ADC Üçgenin iç açıları toplamı kaçtır?

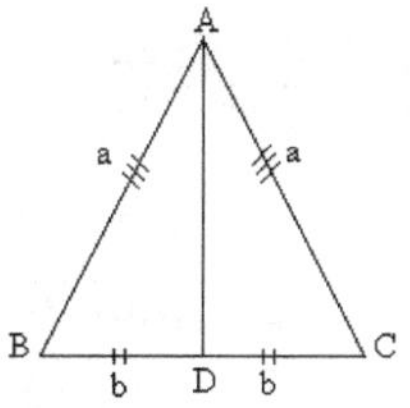

C.24)

S.25)

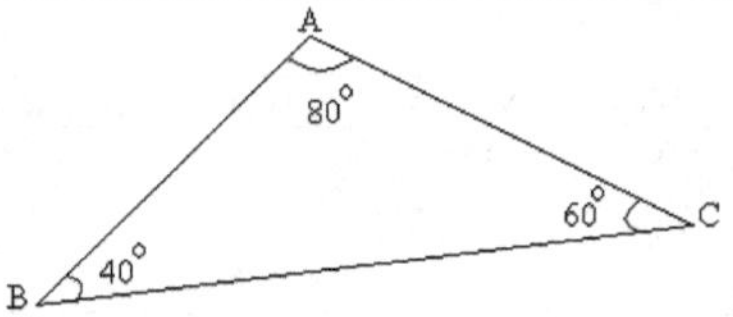

Şekilde üçgende

$S(\hat{A}) = 80^{o}$

$S(\hat{B}) = 40^{o}$

$S(\hat{C}) = 60^{o}$

ise ABC üçgenin en uzun kenarı hangisidir? Neden?

C.25)

EK 2

MADDE NO:1	DOĞRU	YANLIŞ	BOŞ	N'	Pj=0.46	Rjx=0.11
ÜST GRUP	31	28	1	60		
ALT GRUP	24	35	1	60		
TOPLAM	55	63	2	120		

MADDE NO:2	DOĞRU	YANLIŞ	BOŞ	N'	Pj=0.34	Rjx=0.35
ÜST GRUP	31	28	1	60		
ALT GRUP	10	50	0	60		
TOPLAM	41	78	1	120		

MADDE NO:3	DOĞRU	YANLIŞ	BOŞ	N'	Pj=0.48	Rjx=0.43
ÜST GRUP	42	11	7	60		
ALT GRUP	16	38	6	60		
TOPLAM	58	49	13	120		

MADDE NO:4	DOĞRU	YANLIŞ	BOŞ	N'	Pj=0.83	Rjx=0.33
ÜST GRUP	60	0	0	60		
ALT GRUP	40	19	1	60		
TOPLAM	100	19	1	120		

MADDE NO:5	DOĞRU	YANLIŞ	BOŞ	N'	Pj=0.19	Rjx=0.01
ÜST GRUP	12	4	44	60		
ALT GRUP	11	46	3	60		
TOPLAM	23	50	47	120		

MADDE NO:6	DOĞRU	YANLIŞ	BOŞ	N'	Pj=0.70	Rjx=0.41
ÜST GRUP	55	5	0	60		
ALT GRUP	30	27	3	60		
TOPLAM	85	32	3	120		

MADDE NO:7	DOĞRU	YANLIŞ	BOŞ	N'	Pj=0.56	Rjx=0.5
ÜST GRUP	49	6	5	60		
ALT GRUP	19	38	3	60		
TOPLAM	68	44	8	120		

MADDE NO:8	DOĞRU	YANLIŞ	BOŞ	N'	Pj=0.56	Rjx=0.56
ÜST GRUP	51	9	0	60		
ALT GRUP	17	40	3	60		
TOPLAM	68	49	3	120		

MADDE NO:9	DOĞRU	YANLIŞ	BOŞ	N'	Pj=0.25	Rjx=0.41
ÜST GRUP	28	21	11	60		
ALT GRUP	3	50	7	60		
TOPLAM	31	71	18	120		

MADDE NO:10	DOĞRU	YANLIŞ	BOŞ	N'	Pj=0.58	Rjx=0.76
ÜST GRUP	52	8	0	60		
ALT GRUP	18	40	2	60		
TOPLAM	70	48	2	120		

MADDE NO:11	DOĞRU	YANLIŞ	BOŞ	N'	Pj=0.48	Rjx=0.4

ÜST GRUP	41	17	2	60		
ALT GRUP	17	41	2	60		
TOPLAM	58	58	4	120		

MADDE NO:12	**DOĞRU**	**YANLIŞ**	**BOŞ**	**N'**	**Pj=0.3**	**Rjx=0.3**
ÜST GRUP	27	29	4	60		
ALT GRUP	9	42	9	60		
TOPLAM	36	71	13	120		

MADDE NO:13	**DOĞRU**	**YANLIŞ**	**BOŞ**	**N'**	**Pj=0.6**	**Rjx=0.36**
ÜST GRUP	47	12	1	60		
ALT GRUP	25	31	4	60		
TOPLAM	72	43	5	120		

MADDE NO:14	**DOĞRU**	**YANLIŞ**	**BOŞ**	**N'**	**Pj=0.47**	**Rjx=0.41**
ÜST GRUP	41	17	2	60		
ALT GRUP	16	43	1	60		
TOPLAM	57	60	3	120		

MADDE NO:15	**DOĞRU**	**YANLIŞ**	**BOŞ**	**N'**	**Pj=0.76**	**Rjx=0.4**
ÜST GRUP	58	2	0	60		
ALT GRUP	34	20	6	60		
TOPLAM	92	22	6	120		

MADDE NO:16	**DOĞRU**	**YANLIŞ**	**BOŞ**	**N'**	**Pj=0.49**	**Rjx=0.38**
ÜST GRUP	41	17	2	60		
ALT GRUP	18	34	8	60		
TOPLAM	59	51	10	120		

MADDE NO:17	**DOĞRU**	**YANLIŞ**	**BOŞ**	**N'**	**Pj=0.5**	**Rjx=0.63**
ÜST GRUP	49	10	1	60		
ALT GRUP	11	42	7	60		
TOPLAM	60	52	8	120		

MADDE NO:18	**DOĞRU**	**YANLIŞ**	**BOŞ**	**N'**	**Pj=0.52**	**Rjx=0.41**
ÜST GRUP	44	9	7	60		
ALT GRUP	19	33	8	60		
TOPLAM	63	42	15	120		

MADDE NO:19	**DOĞRU**	**YANLIŞ**	**BOŞ**	**N'**	**Pj=0.6**	**Rjx=0.33**
ÜST GRUP	46	10	4	60		
ALT GRUP	26	26	8	60		
TOPLAM	72	36	12	120		

MADDE NO:20	**DOĞRU**	**YANLIŞ**	**BOŞ**	**N'**	**Pj=0.06**	**Rjx=0.13**
ÜST GRUP	8	20	32	60		
ALT GRUP	0	29	31	60		
TOPLAM	8	29	63	120		

MADDE NO:21	**DOĞRU**	**YANLIŞ**	**BOŞ**	**N'**	**Pj=0.02**	**Rjx=0.01**
ÜST GRUP	2	22	36	60		
ALT GRUP	1	24	35	60		
TOPLAM	3	46	71	120		

MADDE NO:22	DOĞRU	YANLIŞ	BOŞ	N'	Pj=0.53	Rjx=0.6
ÜST GRUP	50	0	10	60		
ALT GRUP	14	16	30	60		
TOPLAM	64	16	40	120		

MADDE NO:23	DOĞRU	YANLIŞ	BOŞ	N'	Pj=0.05	Rjx=0.08
ÜST GRUP	6	24	30	60		
ALT GRUP	1	20	39	60		
TOPLAM	7	44	69	120		

MADDE NO:24	DOĞRU	YANLIŞ	BOŞ	N'	Pj=0.21	Rjx=0.33
ÜST GRUP	23	18	19	60		
ALT GRUP	3	26	31	60		
TOPLAM	26	44	50	120		

MADDE NO:25	DOĞRU	YANLIŞ	BOŞ	N'	Pj=0.24	Rjx=0.41
ÜST GRUP	27	22	11	60		
ALT GRUP	2	25	33	60		
TOPLAM	29	47	44	120		

EK 3

Değerli öğrenciler bu test aracılığıyla bir araştırmaya veri toplamak üzere bilgilerinize başvurulmaktadır. Vereceğiniz cevaplar için teşekkür eder derslerinizde başarılar dilerim.

Serdar BARAN, Fen Bilimleri Enstitüsü

Okulunuz

(   ) Sağmalı İlköğretim Okulu   (   ) Karasu İlköğretim Okulu

(   ) Özel Çınar İlköğretim Okulu

Sınıfınız

( ) 6. sınıf   ( ) 7. sınıf   ( ) 8. sınıf

ÜÇGENLER VE GEOMETRİK CİSİMLER

ÇOKTAN SEÇMELİ TEST

Aşağıda verilen 1. – 12. sorularda doğru bildiğiniz seçeneği işaretleyiniz.

S.1)

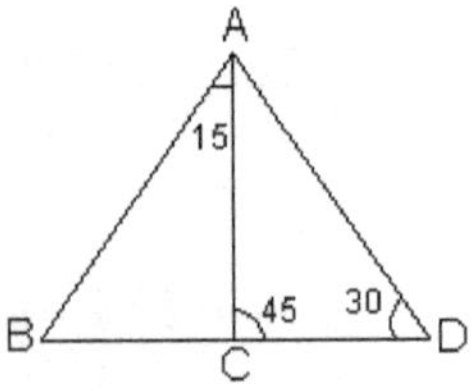

Yanda verilen üçgene göre aşağıdakilerden hangisi doğrudur?

A) ACD dar açılı bir üçgendir.
B) ABD ikizkenar bir üçgendir.
C) ABC ikizkenar bir üçgendir.
D) ABC dar açılı bir üçgendir.

S.2) "Bir üçgende iki iç açının toplamı kendisine komşu olmayan bir dış açıya eşittir." Buna göre aşağıdaki üçgenle ilgili verilen bağıntılardan **hangisi yanlıştır?**

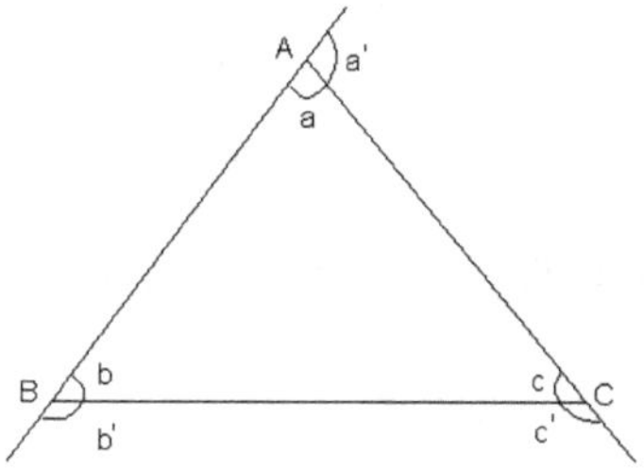

A) $a+b=c^1$
B) $a+c=b^1$
C) $b+c=a^1$
D) $a+c=c^1$

S.3) Aşağıdaki şekillerden hangisi dikdörtgenler prizmasıdır?

A)

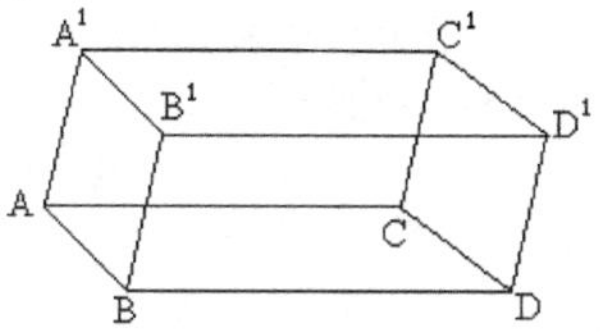

B)

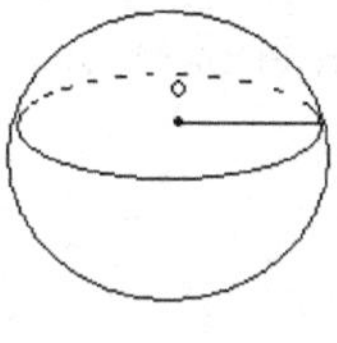

C)

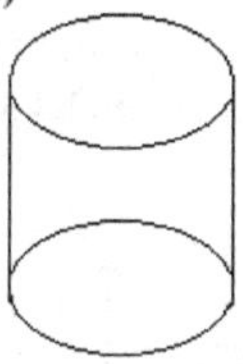

D)

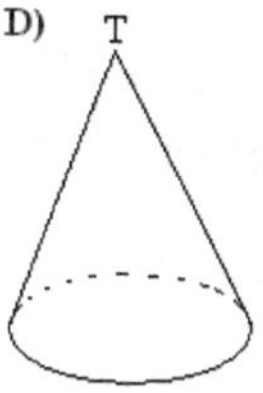

S.4) Yandaki kare dik piramidin açılmış hali aşağıdaki geometrik cisimlerden hangisidir?

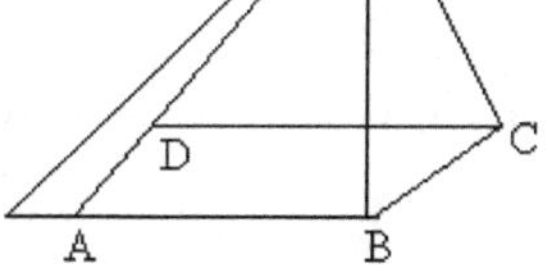

A)

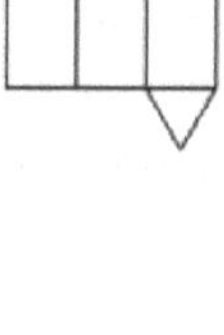

B)

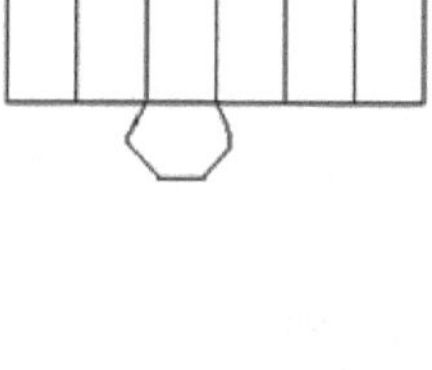

C)

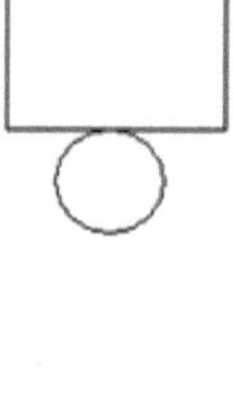

D)

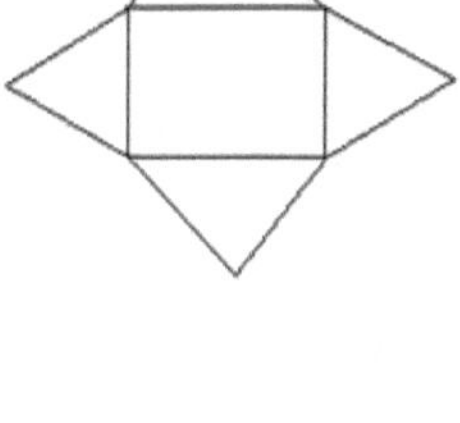

S.5) Aşağıdaki prizmalardan hangisinin yüz sayısı diğerlerinden fazladır?
A) Küp
B) Kare prizma
C) Dik üçten prizma
D) Düzgün altıgen prizma

S.6) Aşağıda kenarlarına göre sınıflandırılmış olan üçgenlerin hangisinin adlandırılmasında hata yapılmıştır?

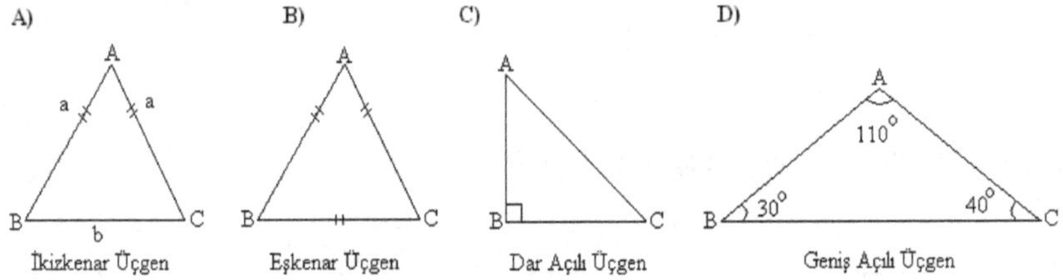

S.7) Aşağıda verilen üçgenlerden hangisinde Pisagor bağıntısı **yanlış verilmiştir?**

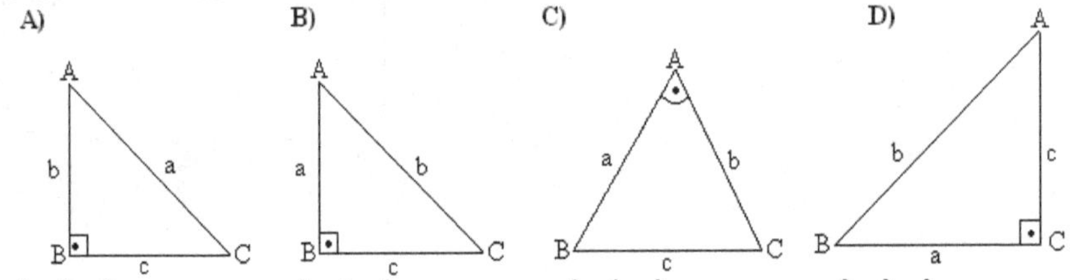

A) $a^2=b^2+c^2$ B) $a^2=b^2+c^2$ C) $c^2=a^2+b^2$ D) $b^2=a^2+c^2$

S.8) Aşağıdakilerden hangisi küredir?

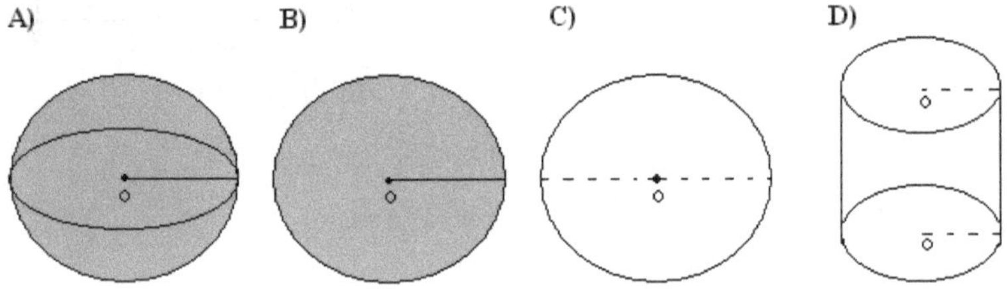

S.9)

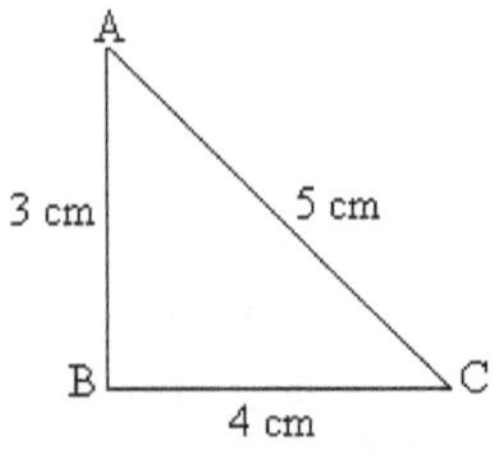

Yanda verilen ABC üçgeni ile ilgili olarak verilenlerden hangisi yanlıştır?

A) ABC dik üçgendir
B) S(B)=S(A)+S(C)'dir
C) ABC eşkenar üçgendir
D) $|AB|^2 + |BC|^2 = |AC|^2$ 'dir

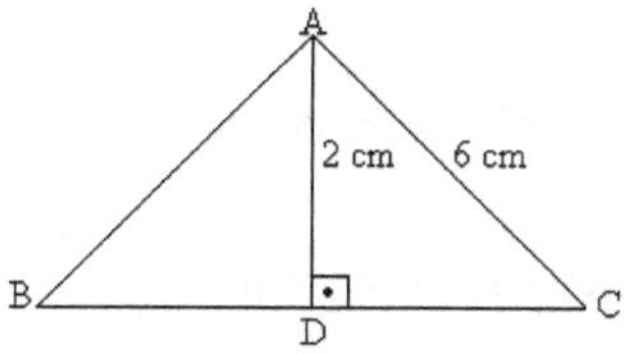

S.10) "Yandaki ABC üçgeninde $|AD| = 2\,cm$ ve $|AC| = 6$ cm ise bu üçgenin alanı kaç cm^2'dir?" sorusunun çözümü için aşağıdaki durumlardan hangisi geçerlidir?

A) Üçgenin bir kenarının daha uzunluğu verilmelidir.
B) BC kenarının uzunluğu verilmelidir.
C) AB kenarının uzunluğu verilmelidir.
D) Verilen bilgiler yeterlidir.

S.11)

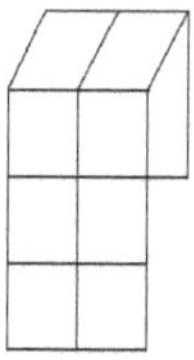

Yandaki eş birim küplerden oluşan cismin yandan görünümü aşağıdakilerden hangisidir?

A) B) C) D)

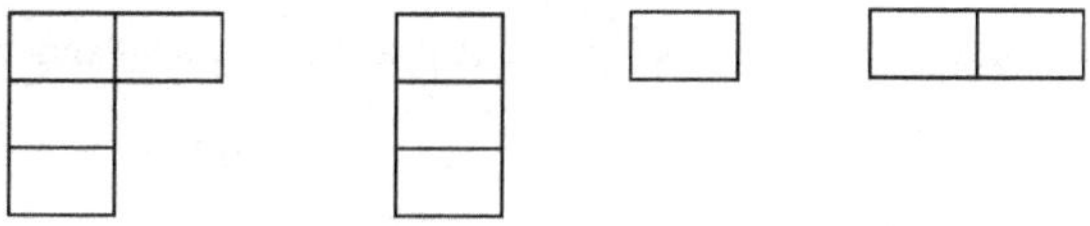

S. 12) Şekildeki üçgen prizma modeli oluşturulurken aşağıdaki doğru parçalarından **hangisi kullanılmamıştır?**

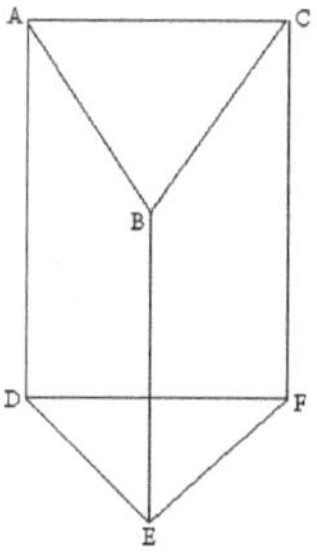

A) $[AB]$ B) $[AD]$ C) $[EF]$ D) $[CE]$

DOĞRU – YANLIŞ TESTİ

Aşağıda verilen 13. – 16. sorulardaki ifadeler doğru ise "Doğru", yanlış ise "Yanlış" kelimesini yuvarlak içine alınız.

S. 13) "Tüm kenarları eşit uzunlukta ve iç açıları 60°'ar olan üçgene eşkenar üçgen denir.

Doğru **Yanlış**

S. 14) "Prizmalar yanal yüzleri dikdörtgensel bölge olan üç boyutlu cisimlerdir."

Doğru **Yanlış**

S. 15) "Kare veya dikdörtgen bir kenarı etrafında 360° döndürülürse koni oluşur."

Doğru **Yanlış**

S. 16) "Dik üçgende 90°'lik açının karşısındaki kenar hipotenüstür."

Doğru **Yanlış**

S. 17) "Piramitler, tabanlarında bulunan geometrik şeklin adıyla adlandırılırlar."

Doğru **Yanlış**

AÇIK UÇLU TEST

Aşağıdaki 18. – 20. soruların çözümlerini altlarındaki kutulara yapınız.

S.18) Bildiğiniz prizma ve piramit çeşitlerinin adlarını aşağıya yazınız.

C.18)

S. 19)

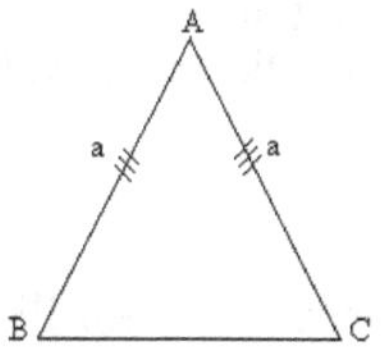

Yanda verilen ABC üçgeninin iç açıları toplamı 180°'dir. Buna göre ABC üçgeninin yarısı olan aşağıdaki ADC Üçgenin iç açıları toplamı kaçtır?

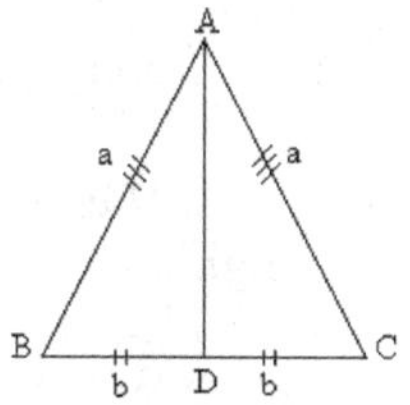

C.19)

S.20)

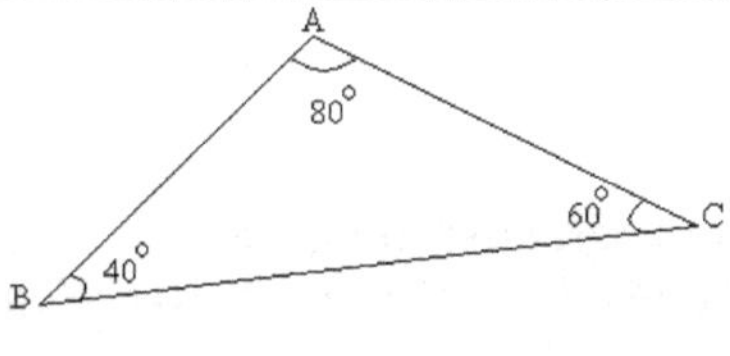

Şekilde üçgende

$S(\hat{A}) = 80^o$

$S(\hat{B}) = 40^o$

$S(\hat{C}) = 60^o$

ise ABC üçgenin en uzun kenarı hangisidir? Neden?

C.20)

ÖZGEÇMİŞ

Kişisel Bilgiler

Adı Soyadı: Serdar BARAN

Doğum Yeri ve Tarihi: Viranşehir/Şanlıurfa - 1984

Eğitim Durumu:

İlköğretim: 1990 – 1995, Viranşehir Sakarya İlköğretim Okulu (İlkokul).
1995 – 1998, Viranşehir Bahçelievler İlköğretim Okulu (Ortaokul).

Ortaöğretim: 1998 – 2002,Viranşehir Anadolu Lisesi.

Lisans: 2004 – 2008, Van Yüzüncü Yıl Üniversitesi Eğitim Fakültesi İlköğretim Matematik Öğretmenliği.
2006, Eskişehir Anadolu Üniversitesi İktisadi ve İdari Bilimler Fakültesi Kamu Yönetimi Bölümü.

Yüksek Lisans: 2009, Van Yüzüncü Yıl Üniversitesi Fen Edebiyat Fakültesi Matematik Anabilim Dalı.

Yabancı Dil: 2005, İngilizce (Dömer Van Şubesi Diploması)

İş Deneyimi:

Stajlar: 2004 – 2005, Mimar Sinan İlköğretim Okulu, Van.
2005 – 2006, Sosyal Hizmetler Müdürlüğü Kız Yetiştirme Yurdunda Gönüllü Eğitmenlik, Van.
2006 – 2007, Açı Dershanesi, Van.
2007 – 2008, Ş.J.PLT. YB. Yusuf Turgut İlköğretim Okulu, Van.

Çalıştığı Kurumlar: 2008 – 2009, Kültür Dershanesi Matematik Öğretmeni, Van.
2009, Van İli Özalp İlçesi Sağmalı İlköğretim Okulu Matematik Öğretmenliği.

İletişim: ser_math@hotmail.com

FSC
www.fsc.org
MIX
Papier | Fördert
gute Waldnutzung
FSC® C083411

Kolibri 360 GmbH
Ferdinand-Jühlke-Straße 7
99095 Erfurt, Deutschland
produktsicherheit@kolibri360.de

Druck:
CPI Druckdienstleistungen GmbH
im Auftrag der
Kolibri 360 GmbH
Ferdinand-Jühlke-Str. 7
99095 Erfurt